高职高专电子信息类专业系列教材

电工电子实训教程

（第二版）

主编 张仁霖

西安电子科技大学出版社

内 容 简 介

本书根据《教育部关于职业院校专业人才培养方案制订与实施工作的指导意见》(教职成〔2019〕13号),在第一版的基础上编写而成。

全书共10个项目,主要内容包括:电子元器件的识别和判断、电工电子实训常用工具及测量仪表、电烙铁焊接技术实训、SMT(表面安装技术)实训、万用表装配与调试实训、收音机装配与调试实训、微型调频收音机装配与调试实训、直流稳压电源实训、音响放大器实训和函数发生器实训等。

本书内容精练,实用性强,可作为高职高专学校电子信息、电气、机电及自动化等相关专业的实训教材,也可作为有关工程技术人员的参考书。

图书在版编目(CIP)数据

电工电子实训教程/张仁霖主编. --2版. --西安:西安电子科技大学出版社,2023.8
ISBN 978-7-5606-6954-0

Ⅰ.①电… Ⅱ.①张… Ⅲ.①电工技术—职业教育—教材 ②电子技术—职业教育—教材 Ⅳ.①TM②TN

中国国家版本馆CIP数据核字(2023)第132718号

策　　划　刘玉芳
责任编辑　刘玉芳
出版发行　西安电子科技大学出版社(西安市太白南路2号)
电　　话　(029)88202421　88201467　　邮　　编　710071
网　　址　www.xduph.com　　电子邮箱　xdupfxb001@163.com
经　　销　新华书店
印刷单位　陕西日报印务有限公司
版　　次　2023年8月第2版　2023年8月第1次印刷
开　　本　787毫米×1092毫米　1/16　印张　11.75
字　　数　218千字
印　　数　1～2000册
定　　价　32.00元
ISBN 978-7-5606-6954-0/TM

XDUP 7256002-1

*** **如有印装问题可调换** ***

前　言

本书自2018年出版以来，受到了广大师生的好评，同时也收到了读者一些有益的建议，希望能对教材予以修订。为此，根据《教育部关于职业院校专业人才培养方案制订与实施工作的指导意见》（教职成〔2019〕13号），我们对原教材进行了较大幅度的修改，增加了电子元器件的识别和判断、电工电子实训常用工具及测量仪表、SMT（表面安装技术）实训、收音机装配与调试实训和微型调频收音机装配与调试实训等内容。

本次修订，我们将党的二十大精神和职业道德教育融入教材中，将教书与育人有机结合，注重培养学生的职业道德和职业素养，引领学生厚植爱党爱国情怀，牢固树立“四个自信”，坚定对共产主义的信仰，坚定对中国特色社会主义的信念，坚定全面建设社会主义现代化强国和实现中华民族伟大复兴的信心。

相对传统教材，本书以工艺训练为主线，通过设计、安装、调试、故障分析与检修等技能训练，强调对学生专业素质和专业技能的培养，体现了培养技能型人才的职业教育特点。

本书具有以下特点：

（1）以社会需求为导向、以工程应用为背景，介绍相关知识、技术和方法。

（2）围绕应用型办学定位，培养学生工程感性认知、基础实践能力、专业实践能力和工程创新能力。

（3）根据专业培养目标和专业特点，构建专业化的实训项目模块。

（4）遵循学生认知规律，充分体现任务引领，培养学生分析问题和解决问题的能力。

安徽电子信息职业技术学院张仁霖担任本书主编，负责全书的编写与统稿工作。本次修订过程中，安徽电子信息职业技术学院机电工程学院、电子工程学院的老师们提出了许多有益的修改建议，在此表示诚挚的感谢。

由于编者水平有限，书中难免存在不足之处，敬请同行专家和广大读者批评指正。

编　者

2023 年 5 月

目　录

项目 1　电子元器件的识别和判断 ………………………………… 1
1.1　常用电子元器件 ………………………………… 1
1.2　电热元件 ………………………………… 20
1.3　控制元件 ………………………………… 28
小结 ………………………………… 33
习题 ………………………………… 33

项目 2　电工电子实训常用工具及测量仪表 ………………………………… 34
2.1　常用工具 ………………………………… 34
2.2　常用测量仪表 ………………………………… 44
2.3　常用电器维修方法 ………………………………… 53
小结 ………………………………… 55
习题 ………………………………… 56

项目 3　电烙铁焊接技术实训 ………………………………… 57
3.1　焊接的基本知识 ………………………………… 57
3.2　元器件的整形及插装 ………………………………… 59
3.3　手工焊接技术 ………………………………… 62
小结 ………………………………… 70
习题 ………………………………… 71

项目 4　SMT(表面安装技术)实训 ………………………………… 72
4.1　SMT 简介 ………………………………… 72

4.2 SMT 元器件及设备 …… 75
4.3 SMT 焊接质量与缺陷 …… 82
小结 …… 84
习题 …… 84

项目 5 万用表装配与调试实训 …… 85
5.1 MF47 型万用表的基本组成及原理 …… 85
5.2 MF47 型万用表的装配 …… 90
5.3 MF47 型万用表的调试 …… 95
5.4 MF47 型万用表的故障检修 …… 97
5.5 MF47 型万用表的使用 …… 99
小结 …… 101
习题 …… 101

项目 6 收音机装配与调试实训 …… 102
6.1 HX108-2 型收音机的基本原理 …… 102
6.2 HX108-2 型收音机的装配 …… 104
6.3 HX108-2 型收音机的调试 …… 110
6.4 收音机的故障检修 …… 111
小结 …… 114
习题 …… 115

项目 7 微型调频收音机装配与调试实训 …… 116
7.1 微型调频收音机的基本原理 …… 116
7.2 微型调频收音机的装配 …… 119
7.3 微型调频收音机的调试 …… 122
7.4 微型调频收音机的总装与质量检查 …… 123
小结 …… 124
习题 …… 125

项目 8　直流稳压电源实训 …… 126
8.1　直流稳压电源的基本组成 …… 126
8.2　直流稳压电源的性能指标及测试方法 …… 128
8.3　集成直流稳压电源的组成 …… 129
8.4　集成直流稳压电源电路设计、安装与调试 …… 131
小结 …… 134
习题 …… 134

项目 9　音响放大器实训 …… 135
9.1　音响放大器的基本组成 …… 135
9.2　音响放大器的主要技术指标及测试方法 …… 152
9.3　音响放大器电路设计、装配与调试 …… 154
小结 …… 160
习题 …… 161

项目 10　函数发生器实训 …… 162
10.1　方波、三角波、正弦波函数发生器 …… 162
10.2　单片集成电路函数发生器 ICL8038 …… 167
10.3　函数发生器的性能指标 …… 168
10.4　函数发生器电路设计、装配与调试 …… 169
小结 …… 171
习题 …… 172

附录 …… 173
附录 A　电阻器、电容器的相关知识 …… 173
附录 B　半导体器件型号的命名方法 …… 176
附录 C　常用半导体器件的参数 …… 178

参考文献 …… 180

项目 1
电子元器件的识别和判断

实训目标

（1）了解各种电子元器件的分类、功能和测试方法。

（2）掌握电热元件的分类和特点。

（3）掌握控制元件的分类和特点。

（4）理解习近平新时代中国特色社会主义思想的立场、观点、方法，理解大国工匠、高技能人才作为国家战略人才的重大意义。

电路通常是由多种元器件组成的，要识读和检修电子电路就必须了解常用电子元器件的分类和功能。下面介绍各种常用的电子元器件的分类、功能和测试方法。

1.1 常用电子元器件

1. 电阻器(简称电阻)

电阻是耗能元件，它吸收电能并把电能转化成其他形式的能量。在电路中，电阻主要用于降压、分压、限流、分流、隔离、匹配、信号幅度调节、与电容配合滤波等。

1）电阻的分类

按照不同的分类方式，可将电阻分为不同的种类，具体如下：

（1）按制作材料的不同，电阻可分为金属膜电阻、碳膜电阻、合成膜电阻等。

（2）按电阻值能否变化，电阻可分为固定电阻、可变电阻（电阻值变化范围小）、电位器

(电阻值变化范围大)等。

(3) 按用途的不同，电阻可分为高频电阻、高温电阻、光敏电阻、热敏电阻等。

(4) 按安装方式的不同，电阻可分为插件电阻、贴片电阻。

(5) 按功率大小的不同，电阻可分为 1/8 W、1/4 W、1/2 W、1 W、2 W、3 W、4 W、5 W 等额定功率的电阻。在电路中，电阻的额定功率表示法示意图如图 1-1 所示。

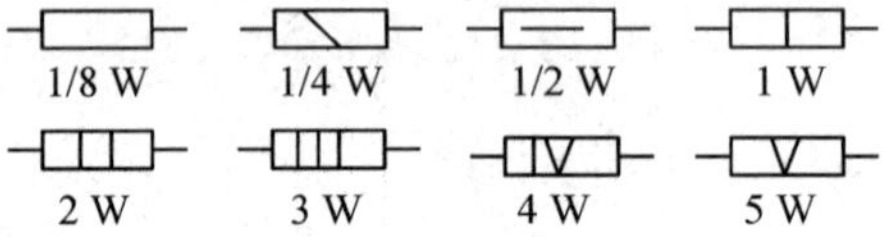

图 1-1 电阻的额定功率表示法示意图

(6) 按电阻值精确度的不同，电阻可分为精确度为±5%、±10%、±20%等的普通电阻以及精确度为±0.1%、±0.2%、±0.5%、±1%和±2%等的精密电阻。

常用电阻外形图如图 1-2 所示。

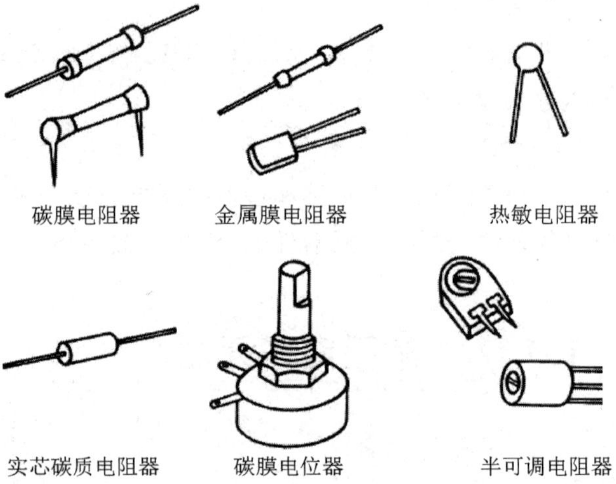

图 1-2 常用电阻外形图

2) 电阻值的标注方法

电阻的阻值和允许误差的标注方法有以下几种。

(1) 直标法：用数字和单位符号在电阻器表面标注电阻值，其允许误差直接用百分数表示。若电阻上未标注误差，则认为其误差为±20%。

例如：1K8 表示电阻值为 1.8 kΩ，允许误差为±20%。

(2) 文字符号法：用阿拉伯数字和文字符号两者有规律的组合来表示标称电阻值，其允许误差也用文字符号表示。符号前面的数字表示整数阻值，后面的数字依次表示第一位小数阻值和第二位小数阻值。

表示允许误差的文字符号如表1-1所示。

表1-1 表示允许误差的文字符号

文字符号	允许误差	文字符号	允许误差	文字符号	允许误差
E	±0.001%	W	±0.05%	G	±2%
Z	±0.002%	B	±0.1%	J	±5%
Y	±0.005%	C	±0.2%	K	±10%
H	±0.01%	D	±0.5%	M	±20%
U	±0.02%	F	±1%	N	±30%

例如：3M3K表示电阻值为3.3(1±10%)MΩ，其中的K表示允许误差为±10%。

(3) 数码法：在电阻器上用三位数码表示标称电阻值的标注方法。数码从左到右，第一、二位为有效值，第三位表示指数，即零的个数，电阻的单位为欧姆。误差通常采用文字符号表示。

例如：471表示470 Ω，105表示1 MΩ，2R2表示2.2 Ω。常用数码法来标注贴片电阻。

(4) 色标法：用不同颜色的环或点在电阻器表面标出标称电阻值和允许误差。国外电阻大部分采用色标法。色标法中各颜色对应的数值如表1-2所示。

表1-2 色标法中各颜色对应的数值

颜色	第一位有效数字	第二位有效数字	第三位有效数字	倍乘数	允许误差
棕	1	1	1	10^1	±1%
红	2	2	2	10^2	±2%
橙	3	3	3	10^3	—
黄	4	4	4	10^4	—
绿	5	5	5	10^5	±0.5%
蓝	6	6	6	10^6	±0.2%
紫	7	7	7	10^7	±0.1%

续表

颜色	第一位有效数字	第二位有效数字	第三位有效数字	倍乘数	允许误差
灰	8	8	8	10^8	—
白	9	9	9	10^9	—
黑	0	0	0	10^0	—
金	—	—	—	10^{-1}	±5%
银	—	—	—	10^{-2}	±10%
无色	—	—	—	—	±20%

图 1-3 所示是四环电阻和五环精密电阻的色标法的具体标注示意图。

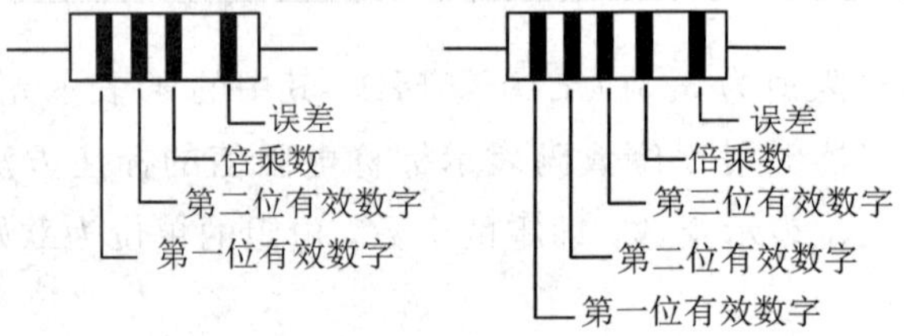

(a) 四环电阻　　(b) 五环精密电阻

图 1-3　电阻色标法示意图

四环电阻中，前两位为有效数字，第三位表示倍乘数，第四位表示误差，因表示误差的色环只有金色、银色或无标注，故最后一环必为金色、银色或无标注。

五环精密电阻中，前三位为有效数字，第四位表示倍乘数，第五位表示误差。

例如：色环为红、红、棕、金时，表示电阻值为 220(1±5%)Ω；色环为黄、紫、橙、银时，表示电阻值为 47(1±10%)kΩ；色环为棕、紫、绿、金、棕时，表示电阻值为 17.5(1±1%)Ω。

3）电阻值的测量方法

电阻的好坏可以用仪表来测试，电阻值也可以用有关仪器、仪表来测量。测量电阻值通常有两种方法：一种是直接测量法，另一种是间接测量法。直接测量法就是直接用欧姆表、电桥等仪器仪表测量电阻器阻值的方法。通常测量小于 1 Ω 的电阻时，用单臂电桥；测量 1 Ω～1 MΩ 的电阻时，用电桥或欧姆表(或万用表)；测量 1 MΩ 以上的大电阻时，用兆欧表。间接测量法就是通过测量电阻器两端的电压及流过电阻的电流，再利用欧姆定律计算电阻器的阻值，此方法常用于带电电路中电阻器阻值的测量。用万用表的欧姆挡来测量电阻值的示意图如图 1－4 所示，具体测量时要注意万用表欧姆挡位的选择。

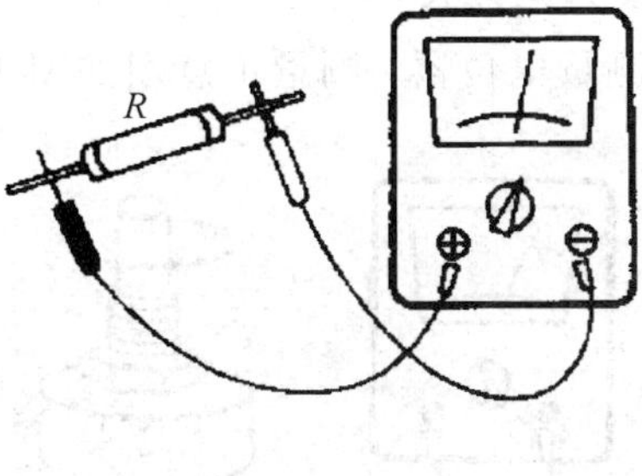

图 1－4　用万用表测量电阻值的示意图

4）电位器

电位器是可变电阻器的一种，其作用是调节电压(含直流电压与信号电压)和电流的大小。电位器的电阻体有两个固定端，手动调节转轴或滑柄即可改变动触点在电阻体上的位置，从而改变动触点与任意一个固定端之间的电阻值，实现调节电压与电流大小的目的。

电位器的种类有很多。按电阻体材料的不同，电位器可分为线绕电位器、实心电位器、膜式电位器等；按功率大小的不同，电位器可分为小功率电位器、大功率电位器等；按电阻值变化规律的不同，电位器可分为直线式电位器、指数式电位器和对数式电位器等。

随着电子技术的发展，出现了数字电位器。数字电位器也称为数控电位器，是一种用数字信号控制其阻值变化的器件(集成电路)。数字电位器有很多优点。例如，数字电位器对灰尘、污垢和潮湿的环境不敏感；数字电位器可以直接安装在电路板的信号通道上，而不需要复杂、昂贵的机械与电控的整合方案；数字电位器可提高电子噪声抑制能力，且不存在机械电位器连线拾取的干扰信号。由于数字电位器具有可程控改变阻值、耐震动、噪声小、寿命长、抗环境污染等优点，因此它在自动检测与控制、智能仪器仪表、消费类电子产品等许多领域得到了成功应用。但是，数字电位器的额定阻值误差大、温度系数大、通频带较窄、滑动端允许电流小(一般为 1～3 mA)，这在很大程度上限制了它的应用。

电位器的故障发生率比普通电阻高得多，其主要故障表现为：接触不良；电位器与电路的连接时断时续；磨损严重时，其实际阻值远大于测量值；电位器引脚断路等。对电位器的测量，可采用以下方法：

(1) 电位器两固定引脚之间的阻值应该等于标称阻值，若测量值远大于或远小于标称阻值，则说明电位器出现故障。

(2) 缓慢调节电位器，测量电位器定片与动片之间的电阻值，观察电阻值的变化情况。

正常时，电阻值应从零变到标称值。若电阻值变化连续平稳，没有出现表头指针跳动的情况，则说明电位器是正常的，否则说明电位器出现接触不良的故障。若电位器的定片与动片之间的阻值远大于标称值，或为无穷大，则说明其内部有断路现象。

一般用万用表的欧姆挡来测量电位器，测量示意图如图 1－5 所示。

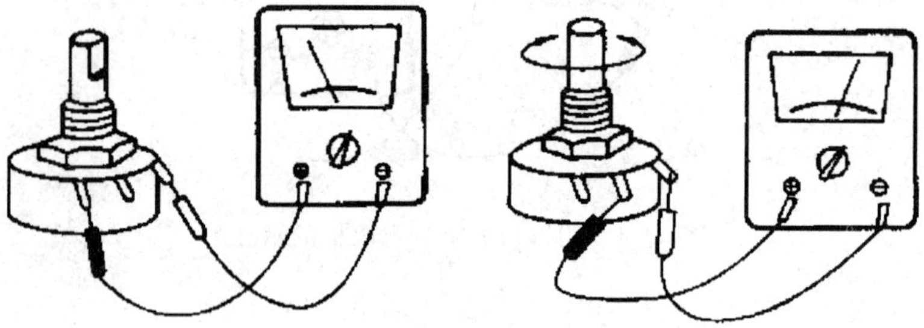

(a) 测量标称阻值　　(b) 测量动片与定片之间的阻值

图 1－5　用万用表测量电位器的示意图

5）特殊电阻

特殊电阻有以下几种：

（1）热敏电阻：分为 PTC（正温度系数）和 NTC（负温度系数）两种，其阻值随着温度的变化而变化。

（2）压敏电阻：对两端电压敏感，当两端电压高于标称电压时将被击穿，由高阻变为低阻。

（3）光敏电阻：电阻值随外界光照强弱变化而变化，无光照时呈高阻，有光照时电阻值迅速减小。

（4）湿敏电阻：电阻值随着环境相对湿度的变化而变化。

（5）磁敏电阻：也称磁控电阻，可将磁感应信号转变为电信号。

（6）力敏电阻：利用半导体材料的压力电阻效应，可将机械力转变为电信号。

（7）保险电阻：也称熔断电阻，当电流超过其额定电流时熔断，从而起到保护作用。

（8）排电阻器：简称排阻，按一定规律排列的电阻集成在一起。

2. 电容器(简称电容)

电容器是一种储能元件，在电路中用于耦合、滤波、旁路、调谐和能量转换，也是电子线路中常用的电子元器件之一，用符号 C 表示。

1）电容器的分类

电容器的种类很多，按容量是否可调可将其分为固定电容器、半可调电容器和可调电容器；按极性的不同可将其分为极性电容器和无极性电容器；按介质材料的不同可将其分为瓷介电容器、铝电解电容器、涤纶电容器、聚苯乙烯电容器、云母电容器等。常见电容器外形图如图 1 - 6 所示。

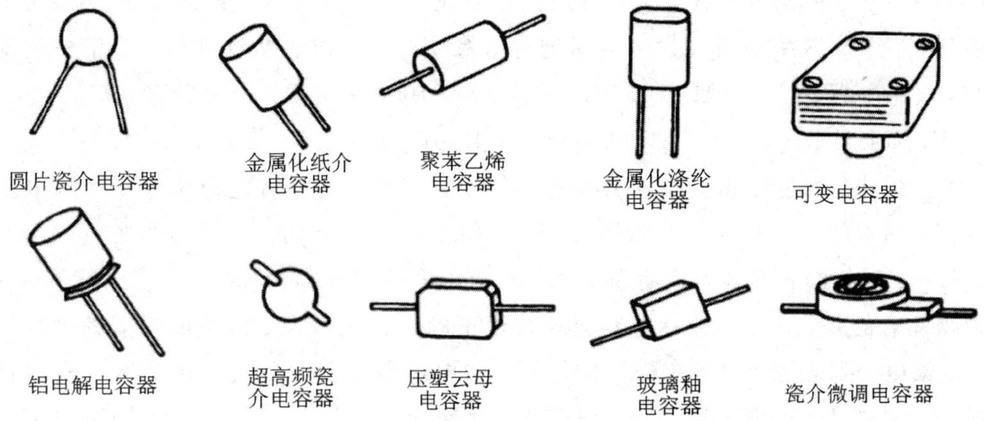

图 1 - 6　常见电容器外形图

2）电容器的主要参数

（1）标称容量及允许误差。在电容器的外壳上标注的电容量值称为电容器的标称容量。标称容量和实际容量之间的误差与标称容量之比的百分数称为电容器的允许误差。常用电容器的允许误差有±2%、±5%、±10%、±20%等几种。电容量的基本单位是法拉(简称法)，用字母“F”表示。比法拉小的单位还有毫法(mF)、微法(μF)、纳法(nF)、皮法(pF)，它们之间的换算关系是：1 F=1000 mF，1 mF=1000 μF，1 μF=1000 nF，1 nF=1000 pF。其中，微法(μF)和皮法(pF)两个单位最常用。

（2）工作电压。电容器的工作电压也称耐压或额定工作电压，表示在使用电容器时，允许加在其两端的最大电压值。使用时，外加电压最大值一定要小于电容器的耐压。通常外加电压应小于额定工作电压的三分之二。

（3）绝缘电阻。电容器的绝缘电阻表示电容器的漏电性能，在数值上等于加在电容器两端的电压除以漏电流。绝缘电阻越大，电容器质量越好。品质优良的电容器具有较高的绝缘电阻。绝缘电阻一般都在兆欧数量级以上。电解电容器的绝缘电阻一般较低，漏电流较大。

3)电容量的识别方法

(1)直标法:用数字和单位符号直接标注电容量。例如:1 μF 表示1微法。有些电容用“R”表示小数点,如 R56 表示 0.56 μF。

(2)文字符号法:用数字和文字符号的有规律组合来表示电容量。例如:1 μF = 10^6 pF,p10 表示 0.1 pF,1p0 表示 1 pF,6p8 表示 6.8 pF,2μ2 表示 2.2 μF。

(3)数字法:在瓷介电容器上,常用三位数表示标称电容量,此方法以 pF 为单位。数字一般为三位数,其中前两位为电容量的有效数字,第三位表示倍乘数,当第三位倍乘数是9时,表示“$\times 10^{-1}$”。例如:102 表示 $10\times 10^2 = 1000$ pF;223 表示 $22\times 10^3 = 22000$ pF = 0.022 μF;474 表示 $47\times 10^4 = 470000$ pF = 0.47 μF;159 表示 $15\times 10^{-1} = 1.5$ pF。

(4)色标法;用色环或色点表示电容器的主要参数。电容器色标法原则上与电阻器色标法相同,标识的颜色符号与电阻器的相同。沿电容引线方向,用不同的颜色表示不同的数字,第一、二种颜色环表示电容量,第三种颜色表示有效数字后零的个数,其单位为 pF。

值得注意的是,在使用极性电容器时必须正确地识别极性。极性电容器的极性识别方法是:观察电容器表面,一般有极性的标识,如电解电容器的负极引脚边有一根表示负极性的竖线;如果是新的电容器,可以用引脚长短来区别正负极,长脚为正,短脚为负。

4)电容器的测试方法

电容器的常见故障是击穿短路、断路、漏电、电容量变小、变质失效及破损。电容器内部质量的好坏可以用仪器检测。常用的仪器有万用表、数字电容表、电桥等。下面简单介绍用万用表测试电容器。

(1)固定电容器漏电阻的测量。

将万用表置于×1 kΩ 挡,用万用表表笔接触电容器的两极,表头指针应向顺时针方向摆动一下(电容量为 5000 pF 以下的电容器不明显),然后逐渐逆时针恢复至 $R=\infty$ 处。如果不能复原,则万用表指针稳定后的读数表示电容器的漏电阻,其值一般为几百至几千兆欧,阻值越大,电容器的绝缘电阻越大,绝缘性越好。

(2)电容器容量的测量。

对于电容量为 5000 pF 以上的电容器,可用万用表粗略判别其容量大小。用万用表表笔接触电容器两极时,表头指针应先摆动一下,再逐渐复原。将两表笔对调,表头指针又摆动一下,且摆幅更大,而后又逐渐复原。电容器容量越大,表头指针摆幅越大,复原的速度越慢。根据指针摆幅的大小可粗略判断电容器容量的大小。同时,所用万用表电阻挡越高,表头指针摆幅也越大。若万用表指针不动,说明电容器内部断路或失效。对于电容量为

5000 pF以下的电容器，用万用表的最高电阻挡测试已看不出充、放电现象，应采用专门的仪器进行测试。

(3) 电解电容器极性的判别。根据电解电容器正向漏电小、反向漏电大的特性可判别其极性。先用万用表测量电解电容器的漏电阻值，然后将两表笔对调，再测一遍漏电阻值，当测得漏电阻值较大时，黑表笔接的就是电解电容器的正极，红表笔接的就是负极。

3. 电感器(简称电感)

电感器又叫电感线圈，是一种能够存储磁场能量的电气元件，在电路中有通直流阻交流、通低频阻高频的作用。

1) 电感器的分类

电感器有固定电感器和可变电感器、带磁芯电感器和不带磁芯电感器、低频电感器和高频电感器等。图1-7为各类电感器的外形图。

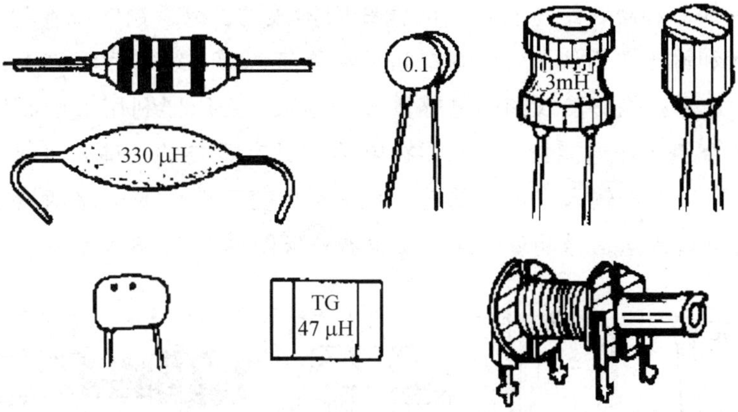

图1-7 各类电感器的外形图

2) 电感器的标注方法

电感器的单位是亨(H)，也常用毫亨(mH)或微亨(μH)。1 H=1000 mH，1 mH=1000 μH。

电感器的标注方法有直标法、色码表示法和数码表示法。直标法是将电感量用数字和单位直接标注在外壳上，其中数字是标称电感量，单位是μH、mH。色码表示法又分为色环表示法和色点表示法。色环表示法的第一、二环表示两位有效数字，第三环表示倍乘数，第四环表示允许误差，各色环颜色的含义与色环电阻相同，单位为μH。色点表示法与电阻器的色标法相似，但顺序相反。首先观察电感器两侧，有一侧为金色或无色的，即为误差色点，从误差色点一侧数过来依次为第一位、第二位有效数字和10的倍率，单位为μH。数码表示法通常用三位数码表示，前两位表示有效数字，第三位数表示有效数字后面零的个数，小数点用R表示，最后一位英文字母表示误差范围，单位为μH。如220K表示22 μH，8R2J表示8.2 μH。

3）电感器的测试方法

使用万用表可以对电感器的好坏进行简单测试，方法是用万用表的欧姆挡测量电感器线圈的直流电阻值，若所测得的电阻值与估计数值误差不大，则说明电感器是好的；若测得的电阻值为∞，则说明电感线圈内部断路；若测得的直流电阻值远小于估计值，则说明被测电感线圈内部匝间击穿短路，不能使用。若想测出电感线圈的准确电感量，则必须使用万用电桥、高频Q表或数字式电感电容表。

4）变压器

变压器是由铁芯和绕在绝缘骨架上的铜线圈构成的。绝缘铜线绕在塑料骨架上，每个骨架上绕制输入和输出两组线圈，线圈中间用绝缘纸隔离。绕好后将许多铁芯薄片插在塑料骨架的中间，这样就能够使线圈的电感量显著增大。变压器利用电磁感应原理从它的一个绕组向另一个绕组传输电能量。变压器在电路中具有重要的功能，即耦合交流信号而阻隔直流信号，并可以改变输入和输出的电压比。利用变压器可使电路两端的阻抗得到良好匹配，以最大限度地传送信号功率。常见变压器外形图如图1-8所示。

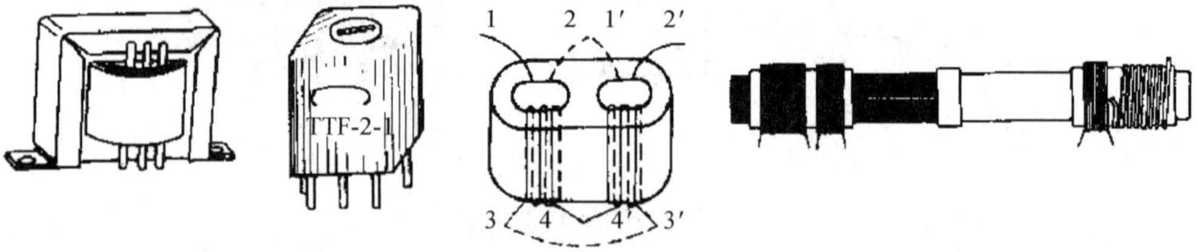

(a) 电源变压器　(b) 中频变压器　(c) 阻抗匹配变压器　(d) 收音机天线变压器

图1-8　常见变压器外形图

判断变压器好坏的方法比较简单，一般用万用表×1 Ω挡测量变压器的初级之间应相通、次级之间应相通、初次级之间不通（自耦变压器除外），如果带有屏蔽外壳，初、次级应与外壳不通，否则表明变压器损坏。

4. 二极管

二极管是利用半导体 PN 结的单向导电性制成的器件，在电路中主要用于整流、检波、稳压等。

1）二极管的分类

二极管的品种很多，按所用半导体材料的不同，二极管可分为锗二极管、硅二极管和砷化镓二极管；按结构工艺的不同，二极管可分为点接触型和面接触型二极管；按工作原理的不同，二极管可分为隧道二极管、变容二极管、雪崩二极管等；按用途的不同，二极管可分为整流二极管、检波二极管、稳压二极管、恒流二极管、开关二极管等。二极管的参数主要有最大整流电流、正向导通压降、反向击穿电压、结电容、最高工作频率等。图 1－9 给出了常用的几种二极管的符号。

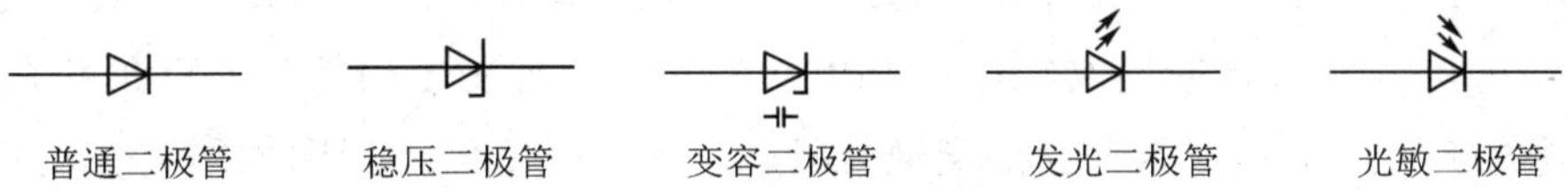

图 1－9　常用二极管的符号

2）几种二极管的特点与检测方法

（1）普通二极管。根据作用的不同，普通二极管可分为检波二极管、整流二极管和开关二极管等。普通二极管具有正向导通、反向截止的基本特性。对于普通二极管的检测方法如图 1－10 所示。

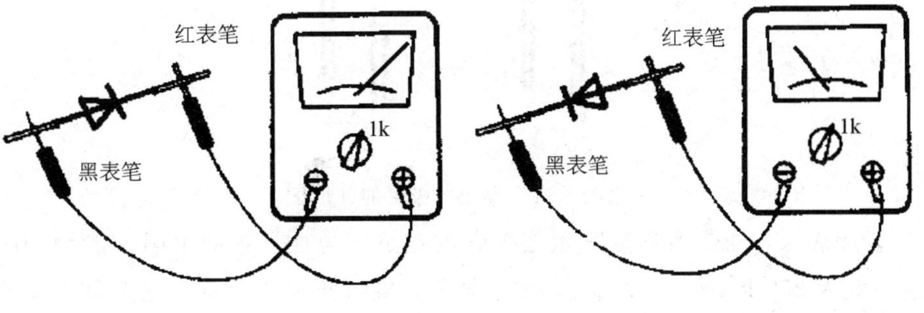

图 1－10　普通二极管的检测方法

用万用表检测二极管时，将万用表置于×1 kΩ 挡或×100 Ω 挡，因为黑表笔接的是万用表内部电池的正极，红表笔接的是万用表内部电池的负极，所以万用表指针偏转较大时黑表笔所接为二极管正极。

（2）稳压二极管。稳压二极管的基本特性是在反向击穿后，在一定的反向电流范围内反向击穿电压稳定，所以在电路中一般用于稳定电压。稳压二极管正向导通时和普通二极管相同，在电路中要起到稳压作用，二极管必须工作在反向击穿状态。稳压二极管的检测方法是利用其反向击穿的特性，因为万用表的×10 kΩ 挡是由内部 9 V 电池供电的，所以可用万用表×10 kΩ 挡检测稳压值较小的稳压二极管。

（3）变容二极管。变容二极管的基本特性是结电容随着反偏电压的增大而减小，它常作为一个受电压控制的可变电容使用。变容二极管在电路中工作时必须处于反偏状态。

变容二极管的正负极性判断：涂有黑色（或白色）标识一端为负，或者用数字万用表的二极管挡可直接测出。

变容二极管的性能好坏判断：用万用表×10 kΩ 挡测量正反向电阻均为∞为好。

（4）发光二极管。发光二极管和普通二极管一样，具有正向导通和反向截止的特性，它在正向导通时可以发出有色光或红外光。由于其正向导通发光的特性，因此发光二极管的实际应用非常广泛，如电子显示屏、交通灯等。发光二极管的外形图如图 1-11 所示。

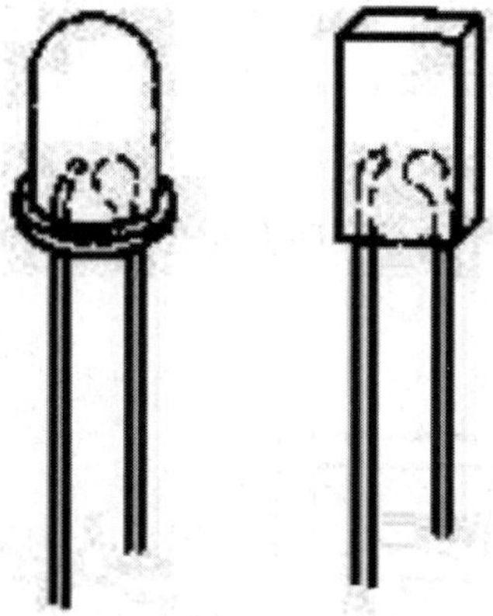

图 1-11　发光二极管的外形图

可用万用表×10 kΩ 挡测量发光二极管的正反向电阻，正向电阻一般为 10～20 kΩ，反向电阻一般为 250 kΩ～∞，测量灵敏的发光二极管正向电阻时，它会发出微光。另外，可以直接观察发光二极管的内部电极金属片，金属片大的为负极，金属片小的为正极。

（5）光敏二极管。光敏二极管的基本特性是接收外界光线输入并转换为电流，即实现光电转换。光敏二极管又分为普通光敏二极管、视觉光敏二极管和红外光敏二极管等。光敏二极管的检测方法如图 1－12 所示。

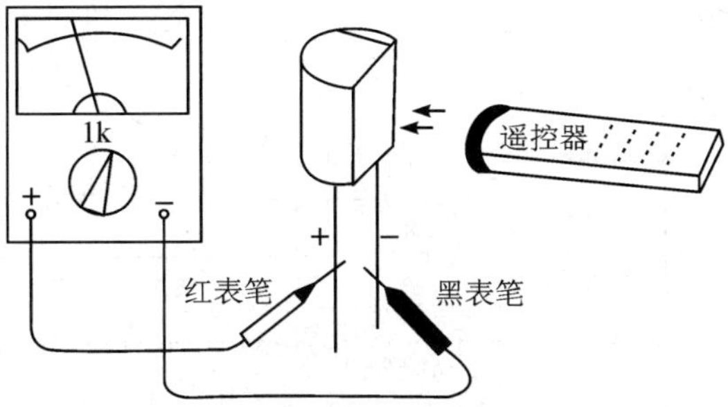

图 1－12　光敏二极管的检测

用万用表的×1 kΩ 挡测量正反向电阻，正向电阻一般为 3～10 kΩ，反向电阻一般大于 500 kΩ。可用图 1－12 所示的方法动态测量反向电阻的变化，在万用表测量的同时，用一遥控器对准光敏二极管发射红外光，若光敏二极管接收到红外光，则万用表指针会有明显摆动。

（6）双向触发二极管。双向触发二极管是与双向晶闸管同时问世的半导体器件，其符号与伏安特性如图 1－13 所示。它常用来触发双向晶闸管，构成过压保护电路、定时器和调光、调速电路等。双向触发二极管的主要特点是：当两端电压差大于转折电压时，二极管立即导通呈短路状态。双向触发二极管的外加电压可正可负，但其工作时只有导通和截止两种状态。

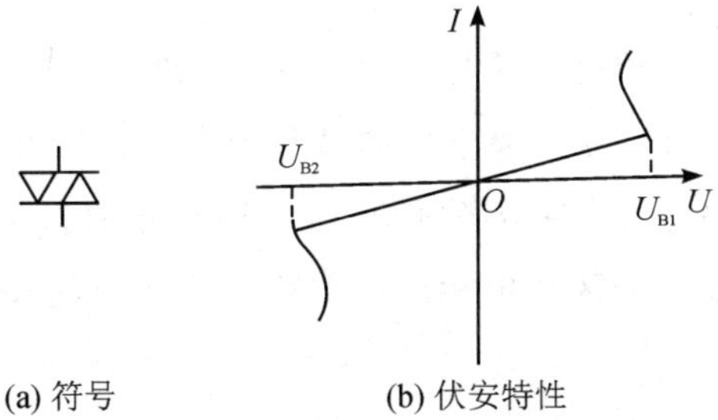

图 1－13　双向触发二极管符号及伏安特性

可用万用表的×1 kΩ 挡或×10 kΩ 挡测量双向触发二极管正、反向电阻值，其正、反向电阻值均应为无穷大。若测得正、反向电阻值均很小或为零，则说明该二极管已被击穿损坏。

3）二极管组件

在实际应用中，人们为了使用方便，还制造出了许多二极管组件，如整流桥堆和二极管排等，图 1－14 所示为它们的外形及等效电路示意图。

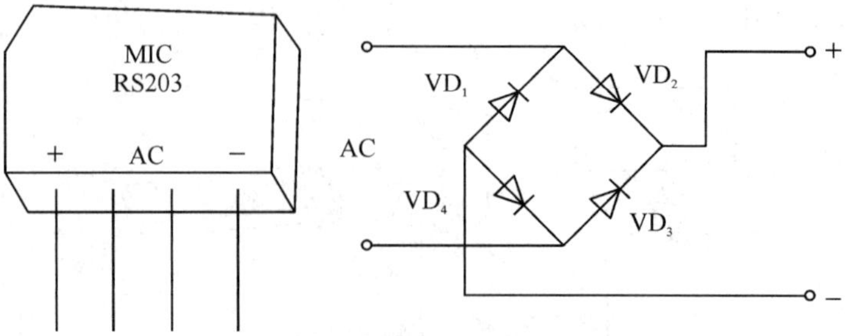

(a) 整流桥堆

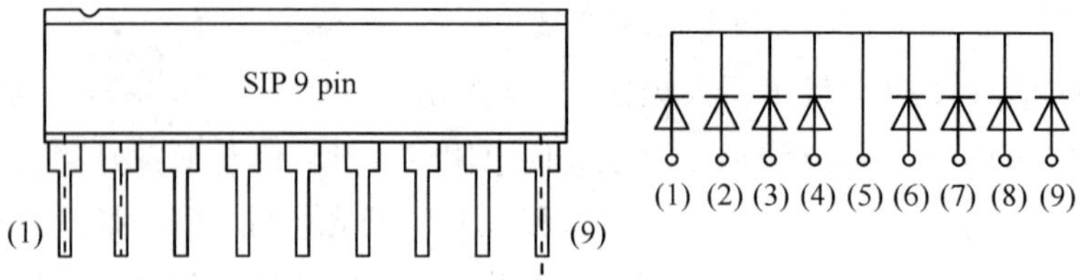

(b) 二极管排

图 1-14　整流桥堆和二极管排的外形及等效电路示意图

5. 三极管

三极管是一种固体半导体器件，具有检波、整流、放大、开关、稳压、信号调制和许多其他功能。三极管的内部结构是在一块半导体基片上制作两个相距很近的 PN 结，两个 PN 结把整块半导体分成三个部分，中间部分是基区，两侧分别为是发射区和集电区，排列方式有 PNP 和 NPN 两种，从三个区引出相应的电极，分别为基极 b、发射极 e 和集电极 c。

1）三极管的分类

三极管按不同的分类方式可分为不同的种类，具体如下：

（1）按材料的不同，三极管可分为硅管和锗管。

（2）按晶体管极性的不同，三极管可分为 NPN 型三极管和 PNP 型三极管。

（3）按结构及制造工艺的不同，三极管可分为扩散型三极管、合金型三极管和平面型三极管。

（4）按电流容量的不同，三极管可分为小功率三极管、中功率三极管和大功率三极管。

（5）按工作频率的不同，三极管可分为低频管、高频管和超高频管等。

（6）按功能和用途的不同，三极管可分为低噪声放大晶体管、中高频放大晶体管、低频放大晶体管、开关晶体管、达林顿晶体管、高反压晶体管、带阻晶体管、带阻尼晶体管、微波晶体管、光敏晶体管和磁敏晶体管等多种类型。

常见的三极管外形图如图 1-15 所示。

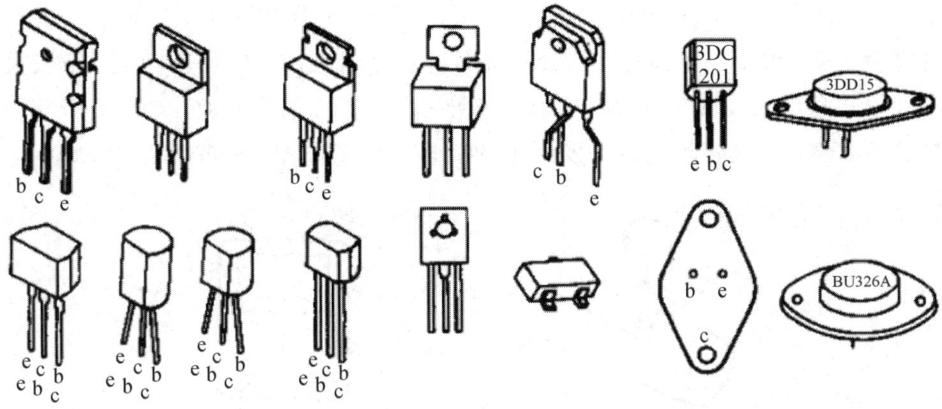

图 1-15　常见的三极管外形图

2）三极管引脚的判别

(1) 基极的判别。先假设三极管的某极为基极，将万用表的黑表笔接在假设基极上，再将万用表的红表笔依次接到其余两个电极上，若两次测得的电阻值都大(约几千欧姆至几十千欧姆)，或者都小(几百欧姆至几千欧姆)，则交换表笔重复上述测量；若两次测得的电阻值大小相反，则可确定假设的基极是正确的，否则另假设一极为基极，重复上述测量，以确定基极。当基极确定后，将黑表笔接基极，红表笔接其他两极，若测得电阻值都很小，则该三极管为 NPN 型，反之为 PNP 型。三极管基极测量示意图如图 1-16 所示。

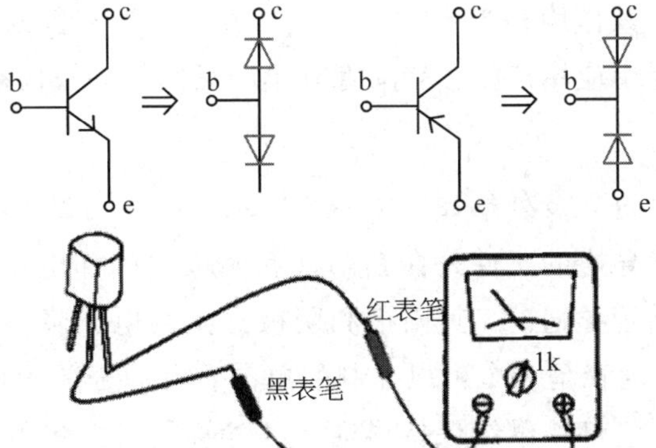

图 1-16　三极管基极测量示意图

（2）集电极和发射极的判别。确定三极管的基极后，假定三极管的余下两个引脚之一为集电极 c，另一个引脚为发射极 e，用手指分别捏住 c 极和 b 极（即用手指代替基极电阻 R_b），同时，将万用表两支表笔分别与 c、e 极接触。若被测三极管为 NPN 型，则用黑表笔接触 c 极，用红表笔接触 e 极（PNP 型管则相反），观察万用表指针偏转角度；然后再假设另一个管脚为 c 极，重复以上操作。比较两次测量时万用表指针的偏转角度，若该次测量时万用表指针偏转角度大，则对于 NPN 型三极管，黑表笔接的是 c 极，对于 PNP 型三极管，红表笔接的是 c 极。三极管集电极和发射极的测量示意图如图 1－17 所示。

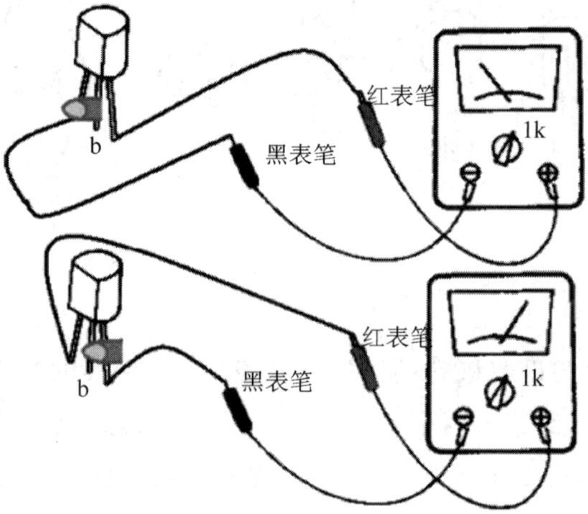

图 1－17　三极管集电极和发射极的测量示意图

6. 晶闸管

晶闸管又叫可控硅，其作用相当于一个开关，由于它没有容易磨损的机械触点，动作速度快，因此在家用电器中应用广泛。晶闸管有单向晶闸管和双向晶闸管两种。

1）单向晶闸管

单向晶闸管的结构、符号及外形如图 1－18 所示，它有三个极：阳极 A、阴极 K、控制极 G（门极）。单向晶闸管导通的条件是在其阳极和阴极之间加电压的同时，控制极对阴极加上一个正向电压。晶闸管导通时，其阳极和阴极之间的电压降很小，相当于处于闭合状态的开关。因此，单向晶闸管是一个可以控制的单向导电的开关元件。晶闸管一旦导通后，不论控制极是否加电压，它都将继续保持导通，直至通过阳极和阴极的电流减小到某一数值或加上反向电压时，才恢复阻断状态。单向晶闸管从阻断状态转变为导通状态时，控制极所需输入的电流或电压称为触发电流或触发电压。

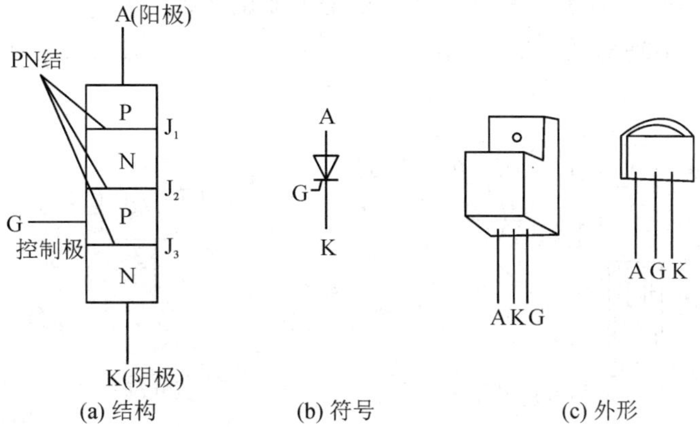

图1-18 单向晶闸管

2）双向晶闸管

在家用电器中，常用控制交流电的双向晶闸管作为开关。双向晶闸管的外形及符号如图1-19所示，它有三个电极：第一阳极 A_1、第二阳极 A_2、控制极G(门极)。双向晶闸管的控制极无触发时，双向晶闸管处于截止状态，相当于开关的断开状态。双向晶闸管具有正反两个方向都能控制导通的特性，它的两个电极 A_1 和 A_2 无论加正向电压还是反向电压，只要控制极G加上触发电压(无论正向还是反向)，它都可以被触发导通。因此，双向晶闸管可以作为执行开关使用。

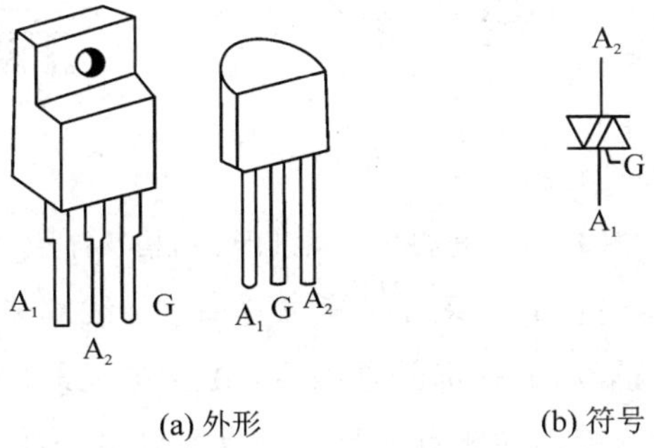

图1-19 双向晶闸管

7. 三端集成稳压器

三端集成稳压器常用于电子控制电路中将变压、整流滤波后的不稳定直流电压进行稳压后输出。在多数家用电器电子电路的直流电源中，常采用固定式三端集成稳压器7805，其外形及符号如图 1－20 所示。其中 1 是不稳定电压输入端，2 是稳定后电压输出端，3 是公共接地端。使用中只要输入、输出端电压差大于 3 V 以上，就可以获得稳定的＋5 V 输出电压。

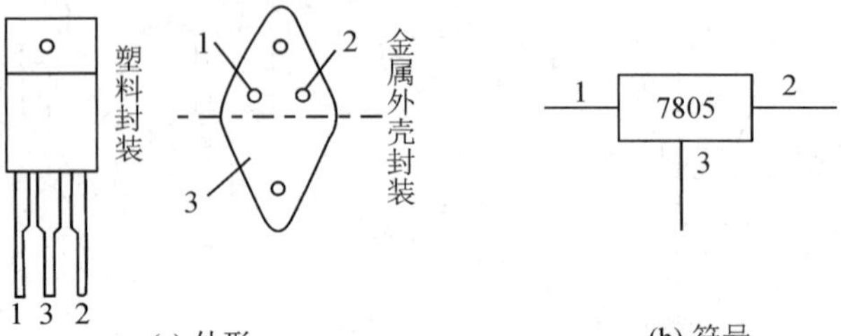

(a) 外形　　(b) 符号

图 1－20　7805 稳压器

8．电磁继电器

电磁继电器主要由铁芯线圈、衔铁、弹簧、触点等组成，其外形、结构及符号如图 1－21 所示。

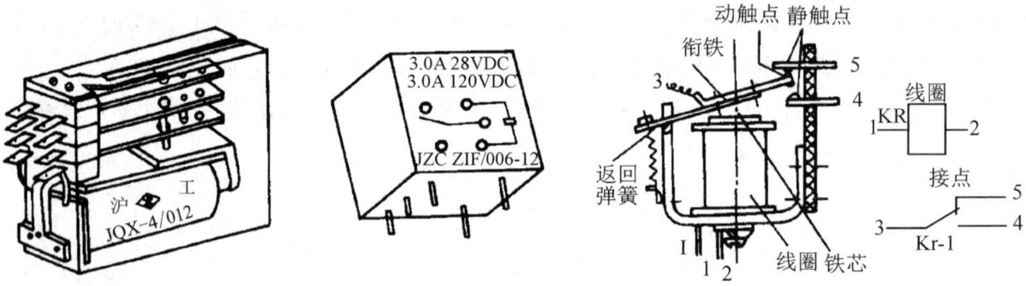

(a) 外形　　(b) 结构及符号

图 1－21　电磁继电器外形、结构及符号

电磁继电器的线圈套在铁芯上，返回弹簧拉着衔铁。线圈未通电时，动触点 3 与静触点 5 闭合。当线圈的 1、2 两端加上一定的电压后，由于电流的磁效应而使铁芯线圈具有磁性，衔铁在电磁力的吸引下，带动动触点 3 与静触点 5 分离，而与静触点 4 闭合，这一过程称为继电器吸合。线圈断电后，在返回弹簧的拉力作用下，衔铁恢复到原来位置，从而也使触点复位，这一过程称为继电器释放。在电路图中所画的触点，均为继电器处于释放时的状态。常用继电器的触点形式有常开触点 H(动合触点)、常闭触点 D(动断触点)、转换触点 Z(常开和常闭切换触点)。继电器的主要参数有额定工作电压或额定工作电流、线圈电阻、吸合电压、释放电压、触点负荷、线圈消耗功率等。

9. 集成电路

集成电路是一种微型电子器件或部件。它采用一定的工艺，把所有元件及布线制作在一小块基片上，成为具有一定功能的微型结构。集成电路在电路中用字母“IC”(也有用文字符号“N”)表示。

1）集成电路的分类

（1）按功能、结构的不同，集成电路可以分为模拟集成电路和数字集成电路两大类。

（2）按制作工艺的不同，集成电路可分为半导体集成电路和膜集成电路。膜集成电路又分为厚膜集成电路和薄膜集成电路。

（3）按集成度高低的不同，集成电路可分为小规模集成电路、中规模集成电路、大规模集成电路和超大规模集成电路。

（4）按导电类型的不同，集成电路可分为双极型集成电路和单极型集成电路。

（5）按用途的不同，集成电路可分为电视机用集成电路、音响用集成电路、影碟机用集成电路、录像机用集成电路、电脑(微机)用集成电路、电子琴用集成电路、通信用集成电路、照相机用集成电路、遥控集成电路、语言集成电路、报警器用集成电路及各种专用集成电路。

2）集成电路的外形及引脚排列

集成电路一般采用塑料封装，其外形与引脚排列的常见形式如图1-22所示。集成电路引脚排列有一定的规律性，将结构特征(凹口、标识等)置于俯视图左侧，由左下角起逆时针方向，依次为1，2，3等。

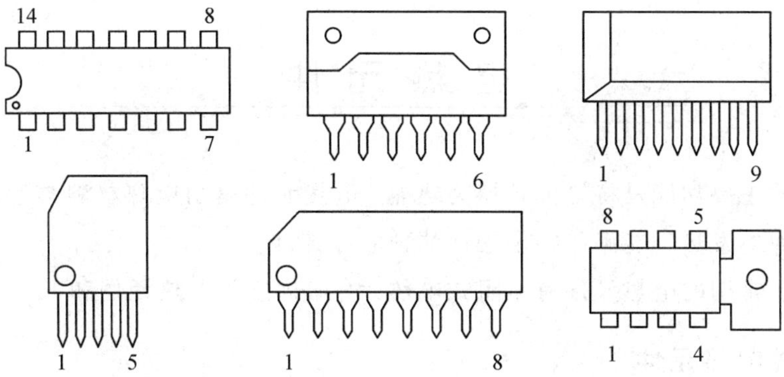

图1-22 集成电路外形与引脚排列的常见形式

3）集成电路引出端功能符号

要正确地安装、测试、调整由集成电路和其他元件构成的电子线路，除了需要了解集成电路的外形和引脚排列顺序，还应了解各引脚的功能，因此需要看懂说明书(或装配图)中标注的各引出端功能符号的意义。表 1－3 列出了部分国家标准(GB3431—86、3432—86)所规定的集成电路引脚功能符号，仅供参考。

表 1－3　集成电路部分引出端功能符号

引出端名称	符号	引出端名称	符号
电源(集电极、正电源)	U_{CC}	数据输入	A、B、C 等
电源(发射极、负电源)	U_{EE}	数据输出	Y
电源(源极)	U_{SS}	同相输入	IN_{+}
电源(漏极)	U_{DD}	反相输入	IN_{-}
正电源	U_{+}	偏置	BI
负电源	U_{-}	补偿	COMP
基准电源、基准电压	U_{REF}	选通(运算放大器)	ST
公共	COM	失调调整	OA
接地	GND	信号输出	OUT

1.2　电热元件

电热元件的主要功能是将电能转换为热能。电热元件是由电热材料与绝缘导热材料组合而成的既能通电发热又能满足特定用途的独立零部件。

家用电器中常用的电热元件有电阻式电热元件、远红外电热元件和 PTC 电热元件。

1. 电阻式电热元件

1）电阻式电热元件的分类

电阻式电热元件品种繁多，规格复杂。

(1) 按形状的不同，电阻式电热元件可分为螺旋形电阻式电热元件和扁带形电阻式电热元件。

(2) 按封装形式的不同，电阻式电热元件可分为开启式电热元件、罩盖式电热元件和封闭式电热元件。

(3) 按材料性质的不同，电阻式电热元件可分为金属材料电阻式电热元件和非金属材料电阻式电热元件。

2) 合金电热丝的特性

在电阻加热的电热器具中，最基本的发热体就是电热丝。电热丝一般是用高电阻率的合金材料制成的，最常用的是镍铬合金丝和铁铬铝合金丝，它们的性能参数如表 1-4 所示。了解和掌握合金材料的性能参数是设计和维修各种电热器具的重要依据。

表 1-4 常用电热丝合金材料的性能参数

牌号		特性	熔点/℃	最高使用温度/℃	常用温度/℃	主要用途
镍铬合金丝	Cr20Ni80	奥氏体组织，基本无磁性，加工性能好，高温强度较好，不变脆	1400	1100	10～1050	电炉，可用于有振动或移动的场合
	Cr15Ni60	基本同上	1390	1000	900～950	电炉、电热器
铁铬铝合金丝	0Cr25Al5	铁素体组织，有磁性，抗氧化性好，价格低，加工性能差，高温强度低，久用变脆	1500	1200	1050～1150	电炉，适用于固定场合
	1Cr13Al4	铁素体组织，有磁性，抗氧化性好，价格低，加工性能差，高温强度低，久用变脆	1450	1100	800～850	电炉，适用于固定场合

(1) 脆性和高温强度。镍铬合金电热丝韧性好，因而易于加工。只要没有发生过热状态，即使在高温下使用，它仍能保持较好的韧性。铁铬铝合金电热丝经高温使用冷却后变

得较脆，且在高温下使用时间越长，冷却后越脆。因此，对于长期在高温下使用后的铁铬铝合金电热丝，在冷却后不能将其拉伸或折弯，只有在加热状态下方可拉直或弯曲。

一般来说，电热丝在高温状态下强度都会下降，其中铁铬铝合金丝强度的下降更为明显。因此，在设计和修理此类电热材料制成的器具时必须考虑安装和支撑的合理性，以避免在高温下发生变形、倒塌、短路等现象。

（2）电热丝的最高使用温度和表面负载。电热丝在工作过程中，其表面温度越高，强度就越低，也越容易发生倒塌和熔结现象。表 1－4 给出的常用电热丝所允许的最高使用温度是指电热丝本身的温度，而不是被加热对象和加热介质的温度。电热丝所允许的最高使用温度主要取决于合金材料的化学成分，但也与截面大小、形状结构、周围介质等有关。

电热丝所承受的功率数与其表面积的比称为表面负载，单位为 W/cm^2（瓦/厘米^2）。在相同的工作条件下，选用较大的表面负载，可以节约电热丝的用量，但电热丝的表面温度相应较高，因而使用寿命较短。若选用较小的表面负载，则电热丝的用量虽然较大，但电热丝的表面温度较低，因此可延长使用寿命。

表 1－5 给出了一些常用电热器具中合金电热丝表面负载的经验数据。

表 1－5　合金电热丝表面负载经验数据

加热介质	器具名称	结构形式	工作温度/℃	表面负载/（W/cm^2）
不流动空气	日用电炉	开启式	—	4～8
金属	电熨斗	云母骨架	250	5～8
		管状元件带控温	250	20～30
金属	电饭锅	铸铝管状元件带控温	105	10～20
水	电热水器	电热丝直接浸在水中	100	30～40
		管状元件	100	10～20

由表 1－5 可以看出，在电热器具中，由于各种电热元件的加热介质不同，设计制造时选用的表面负载数值也不尽相同，因此各种电热器具的电热元件不得随便调换使用。例如，用加热水的电热元件来加热空气，电热元件会因温度过高而烧毁。因为加热水的热传递条件比加热空气好，所以对加热水的电热元件应选用较大的表面负载。

3）常用电阻式电热元件

常用电热器具中的电阻式电热元件一般采用合金材料制成。实际应用中，常将合金材料制成电热丝，再经过二次加工制成多种电热元件。常用电阻式电热元件如下。

(1) 开启式电热元件。开启式电热元件是将电热丝绕制成螺旋状后嵌在由绝缘或绝热材料制成的盘面凹槽里或专用支架上，电热丝直接裸露在空气中，发出的热量主要以辐射和对流的方式传给欲加热物体。开启式电热元件的优点是加热迅速、安装方便、易于检修、成本低廉，但其缺点是防潮、防震性能差且易氧化，易造成触电事故，寿命较短等。开启式电炉和电吹风机等是此类元件的典型应用。在开启式电炉中，电热元件的加热介质是缓慢流动的空气，其表面负载可选 4～8 W/cm^2，而在电吹风机中，因为加热介质是快速流动的空气，所以其表面负载可选得更大些。

(2) 罩盖式电热元件。罩盖式电热元件是将电热丝放置在罩盖中，常见的两种形式如图 1-23 中所示，其中图 1-23(a)所示的形式多用于电灶中，而图 1-23(b)所示的形式则多用于普通型电熨斗中。罩盖式电热元件是介于开启式与封闭式之间的一种半封闭式电热元件，它与待加热物体直接接触，主要以传导方式传热。罩盖式电热元件的优点是散热面积大，温度均匀，电热丝(带)寿命长，其缺点是待加热物体与元件必须吻合，传热效率不高，温升较慢，其表面负载一般为 5～8 W/cm^2。

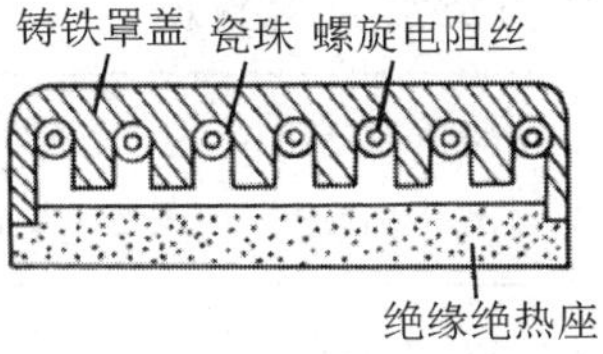

(a) 用于电灶

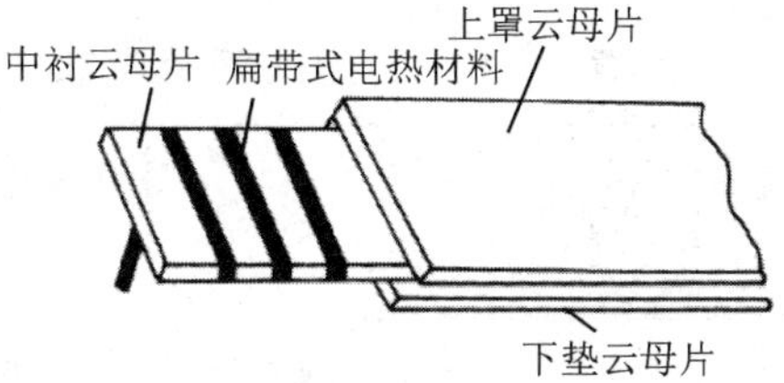

(b) 用于电熨斗

图 1-23 罩盖式电热元件

(3) 封闭式电热元件。封闭式电热元件是将电热丝置于绝缘导热材料的封闭系统内。如将螺旋状电热丝装入金属护套管中，其间填充以绝缘材料，既能使电热丝与金属护套管电气绝缘，又能保护电热丝不易被氧化，还能将电热丝所发出的热量传导给金属护套管。此外，由于电热丝周围被填充物填实，从而提高了机械强度，增加了抗震性能和安全程度。由于金属管状电热元件中电热丝被完全密封于金属护套管中而与空气隔离，有效地防止了氧化，使其表面负载可以增加十几倍，因此既节约了电热材料，也提高了热效率，延长了使用寿命。金属管状电热元件具有结构简单、性能可靠、安全性好、使用方便和寿命长等优点，被广泛应用于电烤箱、电饭锅、电炒锅、电熨斗、电热水器等电热器具中。

图 1-24 为金属管状电热元件的结构示意图，金属管状电热元件的金属护套管多采用

无缝薄壁管，常用的有不锈钢管、碳钢管、黄铜管、紫铜管和铝管等。金属护套管和电热丝之间的绝缘填充材料常用苛性镁、结晶氧化镁、氧化铝、二氧化硅和石英砂等。填充材料应具有良好的绝缘性能和导热性能，且与电热丝有相近的热膨胀系数，耐热性、耐震性要好，在常温或高温时均不与电热丝或金属护套管发生化学反应。此外，还要求填充材料没有吸湿性或吸湿性很低。封闭式管状电热元件的表面负载应根据加热条件、管子材料及工作温度等因素选择，经验值如表 1-6 所示。

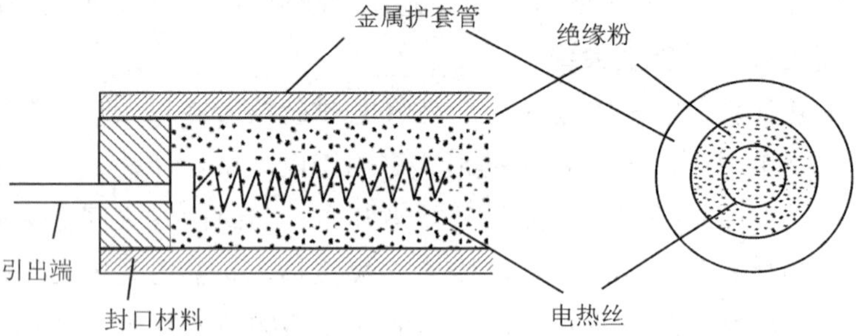

图 1-24　金属管状电热元件的结构示意图

表 1-6　封闭式管状电热元件表面负载经验数据

加热介质	用途举例	外管材料	工作温度/℃	每管功率(22 V)/kW	套管表面负载/(W/cm²)
空气	电炉	10＃钢	300	0.5～1.5	1.2～1.8
		不锈钢	500	0.5～1.5	1.2～3.0
水	—	10＃不锈钢	100	1～5	5～10
金属	电熨斗	铝	230	0.5～1.5	5～10

（4）电热板。电热板是一种通电后板面发热而不带电且无明火的封闭式电热元件，它是将金属管状元件弯成一圈或多圈圆环形状后，再埋铸在铝合金或其他合金板中，或者直接将螺旋形电热丝埋置在金属铸件的沟槽中（沟槽内填充绝缘和导热填料）制成的。与金属管状电热元件相比，电热板的有效传热面积更大，机械强度更高，电饭锅的电热元件大多采用这种结构。

（5）绳状电热元件。绳状电热元件是采用柔软的电热丝（铜、镍合金等）缠绕在玻璃纤维或石棉线制作的芯线上，外部再套一层耐热的尼龙编织层，编织层上涂敷耐热聚乙烯树脂制成的。此类电热元件具有柔软性好、效能高等特点，常用于电热褥、电热衣等柔性电热织物中。

(6) 薄膜型电热元件。薄膜型电热元件是一种以康铜箔或康铜丝作为电热材料，以聚酰亚胺薄膜作为绝缘材料的电热元件，它可以被制成线状或带状。该类电热元件具有柔性好、耐老化、性能稳定、热阻及热惯性较小(温度响应快)等特点，常用来进行较精确的恒温控制。

2. 远红外电热元件

远红外线辐射加热是一种热效率很高的加热方法，远红外电热元件发出波长为 2.5～15 μm 的远红外线极易被人体(取暖)和食物(烘烤)所吸收，从而起到加热的作用。

远红外辐射电热元件有管状远红外辐射电热元件、板状远红外辐射电热元件、黏接式远红外辐射电热元件等，其中管状远红外辐射电热元件是电热器具中应用最多的一种。

1) 管状远红外辐射电热元件

管状远红外辐射电热元件主要有金属管状远红外辐射电热元件和石英管状远红外辐射电热元件两种。

(1) 金属管状远红外辐射电热元件是由普通金属管状电热元件加涂远红外辐射层而制成的。工作时，金属管状电热元件通电发热，激发远红外辐射涂层发出远红外线。常用的远红外涂料有锆钛、三氧化二铁、碳化硅、稀土、锆英砂和镍钴等，不同材质的辐射涂料的辐射光谱特性也不相同。金属管状远红外辐射电热元件的特点是可以做成不同形状、安装方便且机械强度高，但管外的辐射涂层容易脱落。

石英管状远红外辐射电热元件是在直径为 12～18 mm 的石英管内装置螺旋合金电热丝制成的。由于石英不导电，因此管内无需填充绝缘和导热材料。图 1-25(a)是它的结构示意图。石英管多数采用乳白色半透明石英材料制成，制造中采用特殊工艺使管壁形成大量直径为 0.03～0.05 mm 的小气泡，其密度可达 2000～8000 个/cm^2，这样的石英管壁将电热丝发射的可见光和近红外光的能量全部转化为石英晶体中的晶格振动，从而产生较强的远红外辐射。石英管两端应进行密封，以隔绝外面的空气，防止电热丝氧化。电热丝的表面负载一般可选 4～6 W/cm^2。石英管状远红外辐射电热元件具有辐射效率高(可达 90%)、安全性好、热惯性小、使用寿命长等优点，但其受碰击容易破碎。

(2) 红外线灯的结构和普通照明用的白炽灯大致相同，二者的区别是前者发出的是红外线，而后者发出的是可见光。红外线灯的结构见图 1－25(b)，从图中可以看出，管状红外线灯是在普通玻璃灯管上再罩以石英管，因而其热膨胀系数小，遇水不易破裂。显然管状红外线灯的形式更为优越。

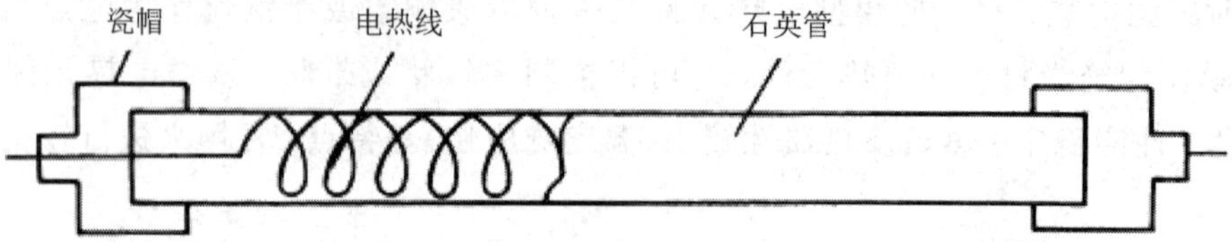

(a) 石英管状远红外辐射电热元件结构

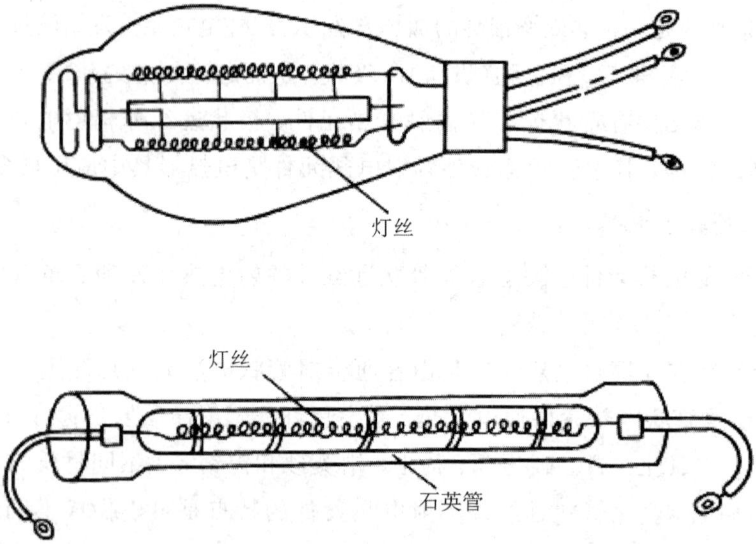

(b) 红外线灯结构

图 1－25　管状远红外辐射电热元件

2）板状远红外辐射电热元件

板状远红外辐射电热元件是在碳化硅或金属板表面涂覆一层远红外辐射物质，并在中间装上合金电热丝制成的，如图 1－26 所示。这种电热板有单面辐射和双面辐射两种形式。

3. PTC 电热元件

PTC(Positive Temperature Coefficient)电热元件是一种具有正温度系数的半导体发热元件，实际上是一种具有正温度系数的热敏电阻。它是以钛酸钡($BaTiO_3$)掺合微量稀土元

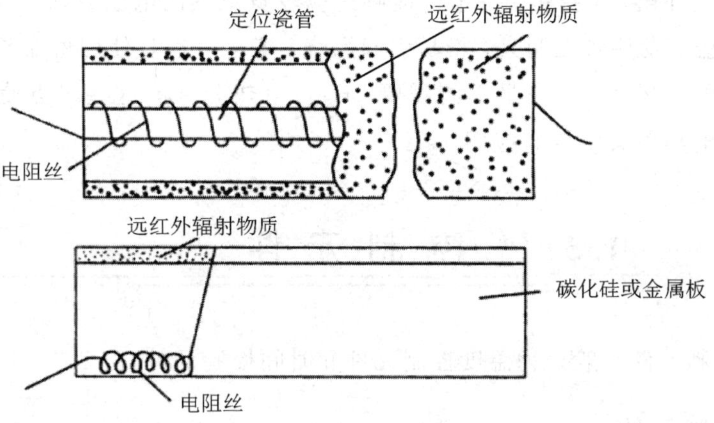

图 1-26 板状远红外辐射电热元件结构示意图

素，采用陶瓷制造工艺烧结而成的。这种钛酸钡半导体陶瓷元件的特殊成分和晶体结构，使其具有奇妙的 PTC 特性。PTC 电热元件的温度特性曲线如图 1-27 所示。

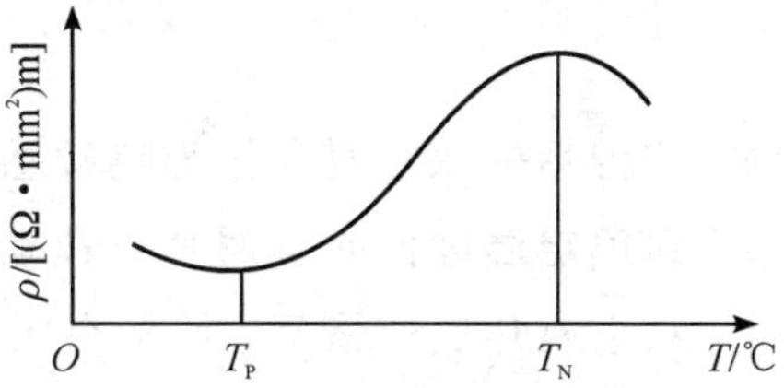

图 1-27 PTC 电热元件的温度特性曲线

由图 1-27 可见，在温度较低时，PTC 电热元件的电阻率随温度的升高而下降，呈 NTC(Negative Temperature Coefficient)特性，即负温度系数特性。当温度达到某一值 T_P(居里点)时，转化为明显的正温度系数特性，电阻率随温度急剧上升(可达几个数量级)，使流过元件的电流迅速减小，从而起到自动调节功率的作用。当温度达到 T_N 后，PTC 电热元件的电阻率随温度升高而缓慢下降，从而使元件自身具有一个恒定的温度范围。可见，PTC 电热元件具有温度自限能力。

为适应不同用途的电热器具对恒温范围的不同要求，可以用掺入钛酸钡中微量元素的品种、数量和结构来控制居里点。例如掺入锡(Sn)、锶(Sr)、锆(Zr)可使居里点向低温移动；掺入铜(Cu)、铅(Pb)则可使居里点向高温移动。利用这一掺杂特性可将居里点控制在 100～500℃的范围内。

PTC 电热元件具有许多优点：温度自限使其工作温度稳定；能够随环境温度的变化自

动进行温度正、负补偿，维持恒温工作；能够适应较宽范围的电压波动，当电压波动±20％时，仍能保持恒温；发热时无明火，不易引起燃烧，安全可靠且使用寿命长；能够制成不同的形状、结构和外形尺寸，以满足不同需要。PTC电热元件的这些优点使其在热水器、电吹风、电暖器等电热器具中均有应用。

1.3 控制元件

电路中的控制元件一般分为温度控制元件和时间控制元件。

1. 温度控制元件

在电热器具中，往往要对器具的温度、发热量进行调节、控制，因此必须配以温度控制元件。常用的温度控制元件有双金属片温控元件、磁性温控元件、热敏电阻温控元件、热电偶温控元件和形状记忆温控元件等。

1）双金属片温控元件

双金属片温控元件是一种将定温后的双金属片作为热敏感反应元件，因温度升高所产生的热量传递到双金属片上，达到预定温度值时金属片迅速动作，使触点断开或闭合，当温度下降到复位温度设定值时，双金属片迅速恢复，使触点闭合或断开，从而达到接通或断开电路的目的，控制电路实现控温或调温。这种温控元件的结构简单、牢固可靠且价格低廉、维修方便，被广泛应用于电热器具中。

（1）双金属片的结构。双金属片温控元件是由热膨胀系数不同的两种金属薄片轧制结合而成的，其结构如图1-28所示。在常温下，双金属片的长度相同，并保持平直。当温度升高时，膨胀系数较大的一面伸长较多，使双金属片向膨胀系数较小的那一面弯曲，温度

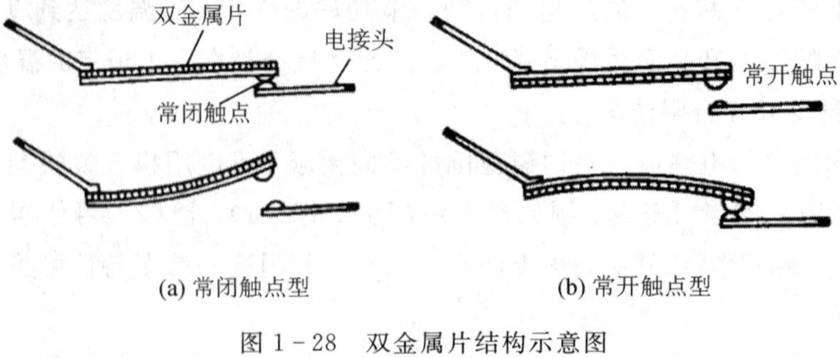

(a) 常闭触点型　　(b) 常开触点型

图1-28　双金属片结构示意图

越高，弯曲越大。

(2) 双金属片温控器。实用中的双金属片温控器是由一条金属片和一条固定的金属弹簧片组成的，其结构如图 1-29 所示。通过调节调温螺钉控制两触点的压紧程度，即可改变触点的工作温度。

双金属片温控器有常开触点和常闭触点两种类型。在常温下，常开触点型的开关触点是断开的，当受热发生动作后，触点闭合，常闭触点型则与之相反。前者多用于电路控制，后者则多用于温度控制。

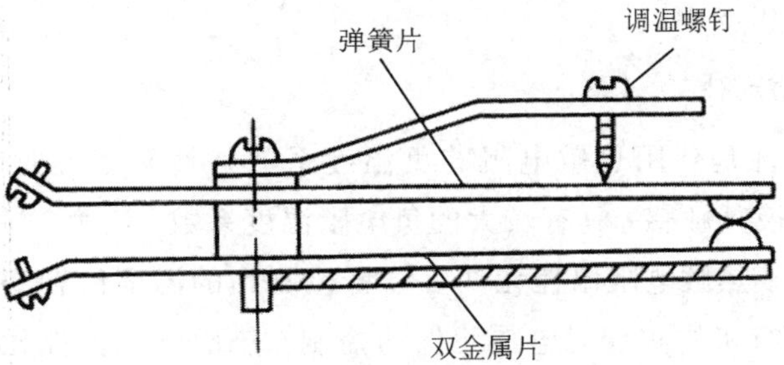

图 1-29 双金属片温控器结构示意图

(3) 双金属片受热方式。双金属片的受热方式有直接加热式、间接加热式和复合加热式三种。直接加热式双金属片在工作时，有电流流过金属片，在电流的作用下双金属片本身因受热发生动作。其特点是可以离开热源且兼有限流保护作用，这种双金属片自身的电阻较大。间接加热式双金属片是热源通过热传导，使双金属片受热而发生动作。其特点是必须靠近热源且自身的电阻较小。复合加热式双金属片则是上述两种加热方式的复合。

2) 磁性温控元件

磁性温控元件也叫磁性限温器，它是利用软磁体的磁温特性来实现温度控制的，如图 1-30 所示。

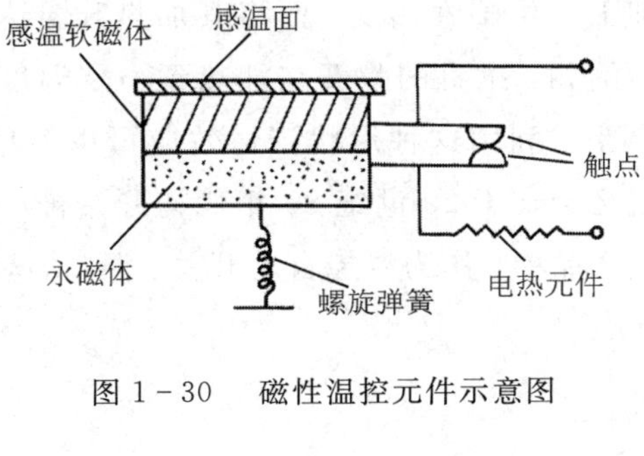

图 1-30 磁性温控元件示意图

在温度低于软磁体材料的特征温度——居里点时，软磁体是顺磁性物质，它与永磁体之间的吸引力远大于弹簧的拉力和永磁体自身的重力，此时两磁体就可吸合在一起，从而使两触点闭合，电路接通，电热元件发热，热量通过被加热物体传导到感温面，使感温软磁体的温度与被加热物体温度相同。当温度达到某一定值（软磁体的居里点）时，感温软磁体的磁性消失，此时永磁体在重力和弹簧拉力的作用下跌落，带动两触点断开，电路断电，电热元件停止发热。当温度降低后，磁性温控元件的特点是限温温度（居里点）准确稳定，不随环境温度变化而改变，温控动作敏捷，能迅速断开触点，拉弧小，因而触点寿命长，被普遍应用于自动保温电饭锅中。

3）热敏电阻温控元件

热敏电阻温控元件是利用热敏电阻的负温度系数特性来实现对温度值的检测和转换的。热敏电阻对温度极其敏感，具有较大的负电阻温度系数，约为1%～5 %/℃，其阻值与温度通常呈指数关系。热敏电阻温控元件可以将检测到的温度值转变为相应的电量，然后经电路放大来推动执行机构实现对电热元件的控制。热敏电阻温控元件具有结构简单、体积小、寿命长、温度控制精确和易于实现远距离的测量与控制等特点。

4）热电偶温控元件

热电偶温控元件可将温度变化量转变为微小的电势变化量，然后通过放大电势变化量来推动执行机构，从而达到控制温度的目的。热电偶的正极通常使用镍铬（Ni90.5Cr9.5）合金材料，负极采用镍铝（Ni95Al2Mn2Si1）或考铜（Cu56.5Ni43Mn0.5）等合金材料制成。热电偶温控元件的温度控制精确可靠、调控范围宽，但系统复杂、价格较高，通常只用于大型的电热器具（如100℃以上热水器及大型电烤炉等产品）中。

5）形状记忆温控元件

形状记忆温控元件是由一种具有形状记忆效应的新型材料制成的。所谓形状记忆效应，就是合金在室温下被加工产生塑性形变，而将其加热升温达到某一临界温度时，又能立即恢复到形变前的形状。例如，拉直的弹簧在加热到一定温度时可以恢复成螺旋状，压扁的管子经加热后可恢复圆形。利用这种形状记忆效应可以简单地将热能转换成机械能，从而制成温控元件。形状记忆合金于20世纪80年代初开始被广泛应用于家电、化工机械仪表、医疗器械等许多工业产品中，作为温控自动开关、温室自动启闭门窗、自动启闭阀门等装置的热敏元件兼驱动元件。

2. 时间控制元件

时间控制元件又称定时器，是一种控制电路元件通电时间的开关装置。常用的定时器根据工作方式的不同可分为机械式(发条式)、电动式、电子式定时器等类型。在一般电热器具中，较多使用发条式定时器和电动式定时器，而电子式定时器多用在一些质量要求较高的产品中。

1）机械式定时器

机械式定时器主要由发条、齿轮传动系统、机械开关组件及电触点等部分组成，其中机械开关组件是完成定时过程的关键，它由一个带凹槽的圆形转盘与一个有固定支点的杠杆组成，如图1-31所示。

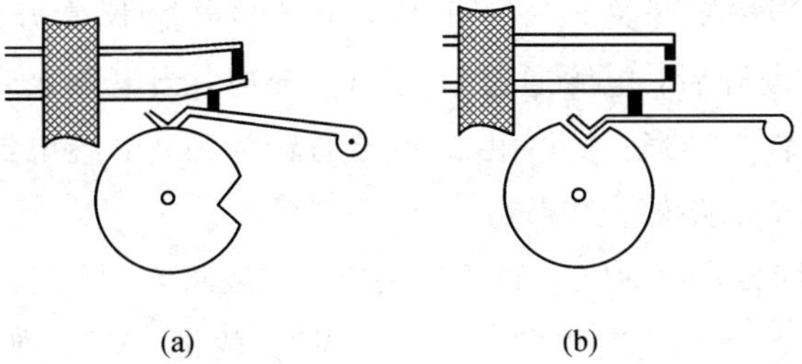

图1-31 机械式定时器的机械开关组件

使用时根据需要设定时间，将定时旋钮(带着转盘)顺时针旋过相应的角度，杠杆弯头将滑出凹槽外。此时转盘将杠杆头上顶，通过杠杆的作用将动触点与静触点紧密结合，从而接通电源，电热器开始工作，如图1-31(a)所示。在顺时针转动旋钮的同时也卷紧了发条，其后在发条逐渐松弛的过程中，推动齿轮传动系统带动转盘逆时针转动，到杠杆头重新滑回凹槽时，动触点与静触点分离，使电热器断电而停止工作，如图1-31(b)所示。由于整个传动系统中的轮系和转盘将做匀速转动，因此定时的长短与定时旋钮(与转盘)顺时针转过的角度成正比。发条式定时器动作可靠，使用寿命长，虽定时精度稍差一些，但在普通型家用电热器具中仍被广泛采用。

2）电动式定时器

电动式定时器主要由微型同步电机、减速机构、机械开关组件及电触点等部分组成。其工作原理与发条式定时器基本一致，只是用微型同步电机代替了发条机构作为动力源，提高了定时的精度，但价格也贵得多。

3）电子式定时器

电子式定时器是由阻容元件、半导体器件组成的时间控制电路。与机械式定时器相比，它不仅体积小、重量轻、使用可靠，而且易于实现集成化、无触点化，并能实现相当复杂的时间程序控制。随着电子技术的发展，电子定时器必将逐步取代机械式定时器。

电子式定时器的电路形式有多种，图 1－32 所示是一种简单的延时关机电路，它由电源和延时开关电路两部分组成。交流电经电源按钮开关 S_{1-1} 和继电器 K 对用电器供电；另一路经电容降压、桥式整流和滤波稳压后，输出直流电压 15 V 给定时电路供电，电路中开关 S 作定时和不定时转换。

工作时，将开关 S 拨到定时挡“2”，按下联动开关即 S_{1-1}、S_{1-2} 同时闭合，电容 C_1 对地短路，单结晶体管 VT_1 无脉冲输出，VT_2 截止，VT_3 饱和导通，继电器 K 常开触点闭合，用电器通电工作。当按钮开关 S_{1-1} 断开后，由于继电器 K 常开触点已闭合，所以用电器仍能正常工作，S_{1-2} 断开后，电源通过 R_1 向 C_1 充电，当电压上升到 VT_1 管的峰值电压后，VT_1、VT_2 由截止转为导通，VT_3 由饱和导通转为截止，继电器 K 断电释放，用电器和定时电路均断开，整个电路停止工作。

电路的延时工作时间由 R_1 和 C_1 的数值决定，一般将 C_1 固定，用电位器 R_1 来调节用电器工作时间，若将 S 拨到不定时挡“1”，VT_1、VT_2 截止，VT_3 饱和导通，用电器长时间工作，需要时再将 S 拨到定时挡“2”，用电器延时工作一段时间后自行停止。

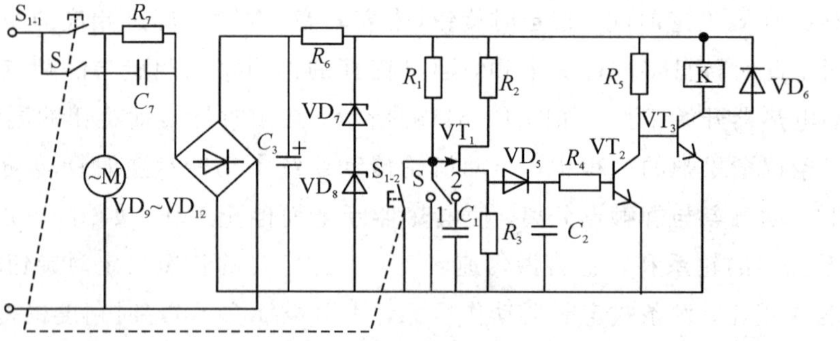

图 1－32 延时关机电路

定时器常见的故障现象有动、静触点烧坏、粘连，发条疲劳断裂，微型电机线圈烧毁，集成块等电子元件损坏等。由于目前电热器具使用的定时器都已是技术上比较成熟的电气产品，大都实现了批量生产，因此定时器损坏时，可用相同规格的产品直接替换。

小 结

本项目主要介绍了下列概念和相关知识：

(1) 常用电子元器件的分类、功能和测试方法。

(2) 电热元件主要有电阻式电热元件、远红外电热元件和 PTC 电热元件三种，其中电阻式电热元件的应用最为广泛。

(3) 电阻式电热元件一般由高电阻率的镍铬合金或铁铬铝合金材料制成的电热丝构成。电热丝所承受的功率数与其表面积的比称为表面负载。电阻式电热元件主要有开启式、罩盖式和封闭式三类。

(4) 管状远红外辐射电热元件主要有金属管状远红外辐射电热元件和石英管状远红外辐射电热元件两种。

(5) PTC 电热元件的最大优点是能自动进行温度补偿，维持恒温工作。

(6) 双金属片温控元件是将检测到的温度值转化为机械运动从而实现控温或调温的。

(7) 磁性温控元件是利用软磁铁的磁温特性来实现限温度控制的，它的特点是限温温度准确，温控动作迅速，触点寿命长。

(8) 时间控制元件主要有机械式、电动式和电子式定时器三种。

习 题

1. 常用电子元器件有哪些？

2. 什么是电热丝的表面负载？

3. 开启式电热元件的优点和缺点分别是什么？

4. 金属管状远红外辐射电热元件和石英管状远红外辐射电热元件各有什么特点？

5. 何为 PTC 电热元件？其主要优点是什么？

6. 双金属片温控器和磁性温控元件是如何实现调温式控温的？磁性温控元件的主要特点是什么？

7. 时间控制元件主要有哪几种？各有什么特点？

项目2

电工电子实训常用工具及测量仪表

实训目标

（1）了解电工电子实训常用工具的分类和使用方法。

（2）掌握电工电子实训常用测量仪表的使用方法。

（3）掌握电工电子实训常用维修方法。

（4）认识全面建成社会主义现代化强国的战略安排，树立和践行“技能成才、强国有我”的信心和决心。

检修电子电路必须掌握常用工具和测量仪表的使用方法。本项目介绍电工电子实训常用工具、测量仪表的使用及常用电器的维修方法。

2.1 常用工具

1. 电烙铁

电烙铁是电工电子实训中常用工具之一，主要用于各类电子产品的手工焊接、补焊、维修及更换元器件等方面。电烙铁的工作原理是：烙铁芯内的电阻丝通电后，电能被转换为热能，热量经烙铁头传给被焊工件，从而对被焊点部位进行加热，熔化焊锡，起到焊接作用。

1）电烙铁的分类

电烙铁一般分为外热式电烙铁、内热式电烙铁和其他电烙铁等。

(1) 外热式电烙铁。外热式电烙铁一般由烙铁头、烙铁芯、外壳、手柄、电源引线及插头等部分组成，如图 2-1 所示。烙铁头安装在烙铁芯内，由热传导性能好的铜合金材料制成。烙铁头的长短可以调整(烙铁头越短，烙铁头的温度就越高)，并且有凿式、尖锥形、圆面形、圆锥形和半圆沟形等不同的形状，以适应不同焊接面的需要。

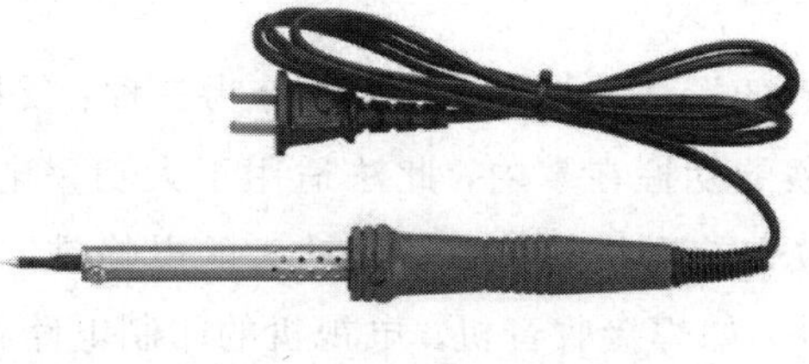

图 2-1 外热式电烙铁

(2) 内热式电烙铁。内热式电烙铁由连接杆、手柄、弹簧夹、烙铁芯、烙铁头五个部分组成，如图 2-2 所示。烙铁芯安装在烙铁头内(发热快，热效率高达 85%以上)。烙铁芯采用镍铬电阻丝绕在瓷管上制成，20 W 电烙铁的电阻约为 2.4 kΩ，35 W 电烙铁的电阻约为 1.6 kΩ。一般来说，电烙铁的功率越大，热量越大，烙铁头的温度越高。焊接集成电路、印制线路板、CMOS 电路一般选用 20 W 内热式电烙铁。若电烙铁的功率过大，则容易烫坏元器件或使印制导线从基板上脱落；若电烙铁的功率太小，则焊锡不能充分熔化，焊剂不能挥发出来，致使焊点不光滑、不牢固，易产生虚焊。焊接时间过长，也会烧坏器件，一般每个焊点的焊接在 1.5～4 s 内完成。

图 2-2 内热式电烙铁

(3) 其他电烙铁。

① 恒温电烙铁。恒温电烙铁的烙铁头内装有磁铁式温度控制器，可控制通电时间，实现恒温的目的。对焊接温度不宜过高、焊接时间不宜过长的元器件，应选用恒温电烙铁。

② 吸锡电烙铁。吸锡电烙铁是将活塞式吸锡器与电烙铁融为一体的拆焊工具，它具有使用方便、灵活、适用范围宽等特点。其不足之处是每次只能对一个焊点进行拆焊。

电烙铁的种类还有很多，但在一般的电子产品维修和装配中很少使用，这里不再介绍，有兴趣读者请参考其他相关资料。

2）电烙铁的使用方法

使用电烙铁时要注意手的握法，电烙铁的握法分为三种：反握法、正握法和握笔法。反握法是用五个手指把电烙铁的柄握在掌内，此法适用于大功率电烙铁，焊接散热量大的被焊件。正握法适用于尺寸较大的电烙铁，弯形烙铁头的电烙铁。握笔法适用于小功率电烙铁，焊接散热量小的被焊件，如焊接收音机、电视机的印制电路板等。

在使用电烙铁前要先给烙铁头通电“上锡”。首先用锉刀把烙铁头按需要挫成一定的形状，然后接通电源，当烙铁头温度升高时，将烙铁头在松香上沾涂一下，等松香冒烟后再沾涂一层焊锡，如此反复进行二至三次，使烙铁头的刃面全部挂上一层锡便可使用了。电烙铁不宜长时间通电而不使用，这样容易使烙铁芯加速氧化而烧断，缩短其寿命，同时也会使烙铁头因长时间加热而氧化。在使用旧的电烙铁前，如烙铁头严重氧化而发黑，则可用锉刀锉去表面氧化物，使其露出金属光泽后，重新镀锡方可使用。

3）电烙铁的检测方法

使用电烙铁前，为了安全，要用万用表检测电烙铁的绝缘情况和电热丝是否正常，如图 2-3 所示。用万用表×1 kΩ 挡测量，一般情况下，检测绝缘时，其阻值为无穷大，检测电热丝时，25 W 电烙铁的电热丝电阻值约为 2.4 kΩ。

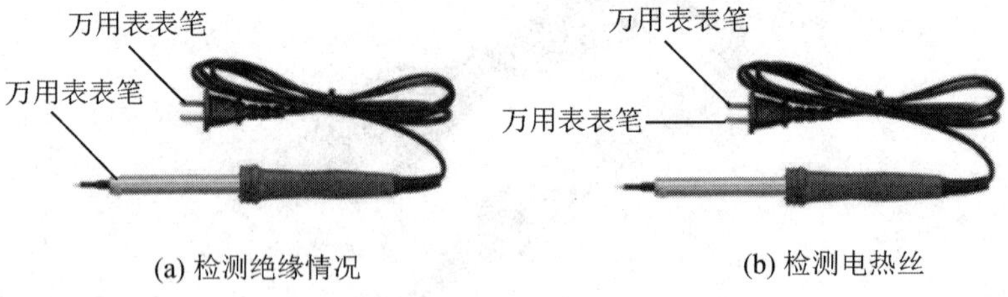

图 2-3 用万用表检测电烙铁

2. 螺钉旋具

螺钉旋具又称旋凿、起子、改锥，它是一种紧固和拆卸螺钉的工具。螺钉旋具的式样和规格很多，如图 2-4 所示，按头部形状可分为一字形和十字形螺钉旋具两种。

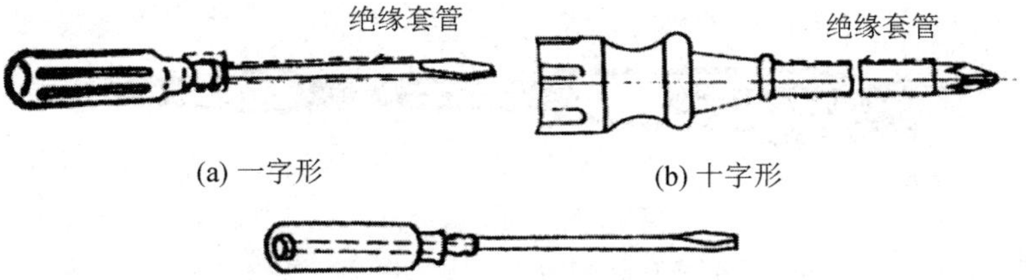

(a) 一字形　(b) 十字形

(c) 穿心金属杆式螺钉旋具(电工禁用)

图 2-4　螺钉旋具

常用的一字形螺钉旋具有 50 mm、100 mm、150 mm、200 mm 等规格，电工必备的是 50 mm 和 150 mm 两种。十字形螺钉旋具专供紧固或拆卸十字槽的螺钉使用，常用的有四种规格：Ⅰ号适用于直径为 2.0～2.5 mm 的螺钉，Ⅱ号适用于 3～5 mm 的螺钉，Ⅲ号适用于 6～8 mm 的螺钉，Ⅳ适用于 10～12 mm 的螺钉。

注意：

(1) 维修电器时不可使用金属杆直通柄顶的螺钉旋具，否则很容易造成触电事故。

(2) 使用螺钉旋具紧固或拆卸带电的螺钉时，手不得触及螺钉旋具的金属杆，以免发生触电事故。

(3) 为了防止螺钉旋具的金属杆触及皮肤或邻近带电体，应在金属杆上套上绝缘管。

3. 低压验电器

低压验电器又称试电笔、测电笔(简称电笔)，用来检测对地电压在 250 V 及以下的低压电气设备的电压，也是家庭中常用的电工安全工具。按其结构形式的不同，低压验电器可分为钢笔式和螺钉旋具式两种，按其显示原件的不同，低压验电器可分为氖管发光指示式和数字显示式两种。

钢笔式低压验电器由氖管、电阻、弹簧、笔身、笔尾和笔尖等部分组成，如图2-5(a)所示，螺钉旋具式低压验电器如图 2-5(b)所示。数字显示式低压验电器如图 2-5(c)所示，这种验电器是利用电流通过验电器、人体、大地形成回路，其漏电电流使氖泡启辉发光而工作的。只要带电体与大地之间的电位差超过一定数值(36 V 以下)，验电器就会发出辉光，低于这个数值，就不发光，由此来判断低压电气设备是否有电压。

使用低压验电器前，首先应检查其完好性，组成部分是否缺少，氖泡是否损坏，然后在有电的地方验证一下，只有确认低压验电器完好后，才可进行验电。

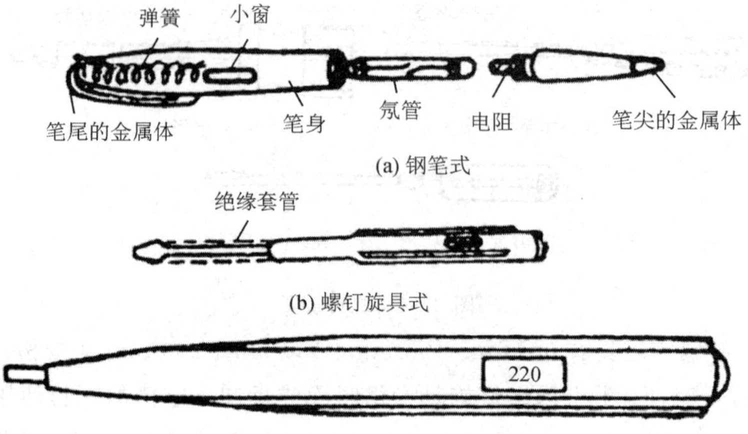

(a) 钢笔式

(b) 螺钉旋具式

(c) 数字显示式

图 2-5　低压验电器(测电笔)

在使用时，必须按图 2-6 所示姿势正确握住测电笔，以食指触及笔尾的金属体，笔尖触及被测物体，使氖管小窗背光朝向测试者。当被测物体带电时，电流经带电体、测电笔、人体到大地构成通电回路。只要带电体与大地之间的电位差超过 60 V，测电笔中的氖管就发光，电压高则发光强，电压低则发光弱。用数字显示式测电笔验电，其握笔方法与氖管发

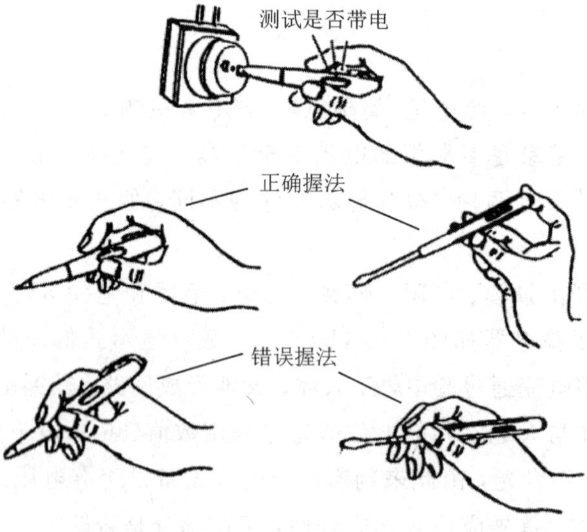

(a) 钢笔式验电器　　(b) 螺钉旋具式验电器

图 2-6　低压验电器的正确握法

光指示式相同，但带电体与大地间的电位差在 2～500 V 之间，测电笔都能显示出来。由此可见，使用数字式测电笔，除了能测试电气线路或设备是否带电以外，还能够测得带电体电压的具体数值。

注意：

（1）使用前先检查测电笔内部有无柱形电阻，若无柱形电阻，则严禁使用；否则，将发生触电事故。

（2）一般用右手握住测电笔，左手背在背后。

（3）人体的任何部位切勿触及与笔尖相连的金属部分。

（4）防止笔尖同时搭在两根电线上。

（5）验电前，先将测电笔在确实有电处测试，只有氖管发光，才可使用。

（6）在明亮光线下不易看清氖管是否发光，应注意避光。

4. 钢丝钳

钢丝钳有绝缘柄钢丝钳和裸柄钢丝钳两种，如图 2－7 所示。绝缘柄钢丝钳为电工专用钳（简称电工钳），常用的钢丝钳有 150 mm、175 mm、200 mm 三种规格。电工禁用裸柄钢丝钳。

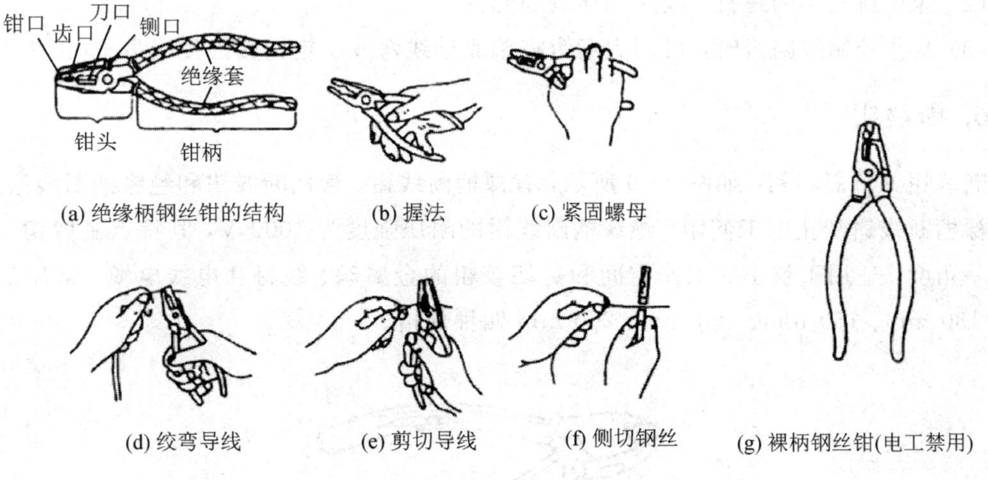

图 2－7 钢丝钳及使用方法

钢丝钳的用法可以概括为四句话：剪切导线用刀口，剪切钢丝用侧口，扳旋螺母用齿口，弯绞导线用钳口。

注意：

(1) 使用前应检查绝缘柄的绝缘是否良好。

(2) 用钢丝钳剪切带电导线时，不得用钳口同时剪切相线和零线，或同时剪切两根相线。

(3) 不可将钳头代替手锤作为敲打工具使用。

5. 尖嘴钳

尖嘴钳的头部尖细如图 2-8 所示，适于在狭小的工作空间作业。尖嘴钳有裸柄尖嘴钳和绝缘柄尖嘴钳两种。电工禁用裸柄尖嘴钳，绝缘柄尖嘴钳的耐压强度为 500 V，常用的尖嘴钳有130 mm、160 mm、180 mm、200 mm 四种规格。其握法与电工钳的握法相同。

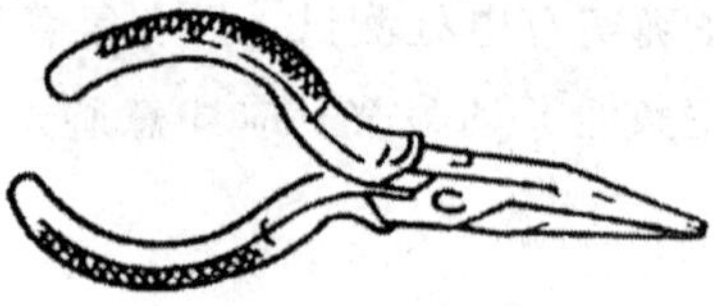

图 2-8 尖嘴钳

尖嘴钳有以下用途：

(1) 带有刃口的尖嘴钳能剪断细小金属丝。

(2) 能夹持较小的螺钉、线圈和导线等元件。

(3) 制作控制线路板时，可用尖嘴钳将单股导线弯成一定圆弧的接线鼻子(接线端环)。

6. 断线钳

断线钳又称斜口钳，如图 2-9 所示，有裸柄断线钳、管柄断线钳和绝缘柄断线钳三种，其中裸柄断线钳禁止电工使用。绝缘柄断线钳的耐压强度为 1000 V，其特点是剪切口与钳柄呈一角度，适用于狭小的工作空间和剪切较粗的金属丝、线材和电线电缆。常用的断线钳有 130 mm、160 mm、180 mm、200 mm 四种规格。

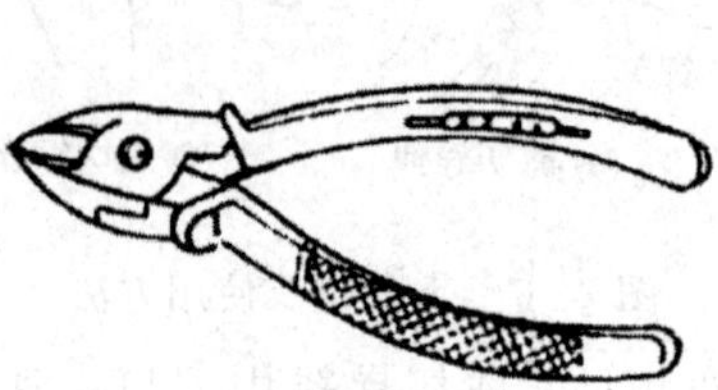

图 2-9 断线钳

7. 剥线钳

剥线钳是剥削小直径导线接头绝缘层的专用工具。使用时，将要剥削的导线绝缘层长度用标尺定好，右手握住钳柄，左手将导线放入相应的刃口槽中(比导线直径稍大，以免损伤导线)，右手将钳柄向内一握，导线的绝缘层即被割破拉开自动弹出，如图2-10所示。

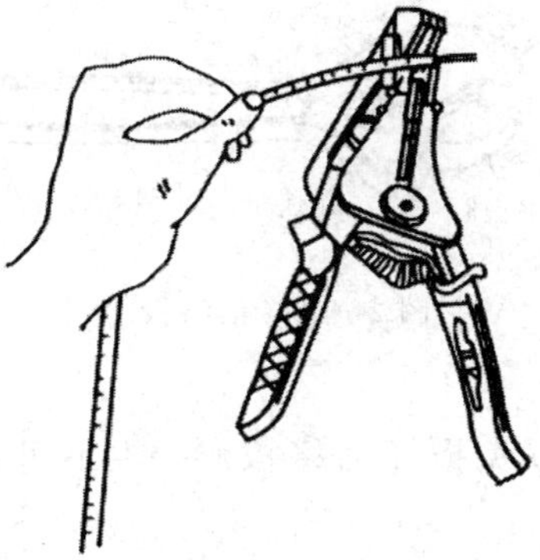

图2-10 剥线钳

8. 电工刀

电工刀是用来剖削导线线头、切割木台缺口及削制木榫的专用工具，其外形如图2-11所示。

图2-11 电工刀

注意：

(1) 剖削导线绝缘层时，刀口应朝外，刀面与导线应呈较小的锐角。

(2) 电工刀刀柄无绝缘保护，不可在带电导线或带电器材上剖削，以免触电。

(3) 不许将电工刀代替手锤敲击使用。

(4) 用毕电工刀，应随即将刀身折入刀柄。

9. 活络扳手

活络扳手是用来紧固和拧松螺母的一种专用工具。它由头部和手柄组成，头部由活络扳唇、呆扳唇、扳口、蜗轮和轴销等构成，如图 2－12 所示。旋动蜗轮就可调节扳口的大小。常用活络扳手有 150 mm、200 mm、250 mm、300mm 四种规格。由于它的开口尺寸可以在规定范围内任意调节，所以特别适用于螺栓规格多的场合。

使用活络扳手时应握在手柄上接近头部的位置。施力时手指可随时旋调蜗轮，收紧活络扳唇，以防打滑。

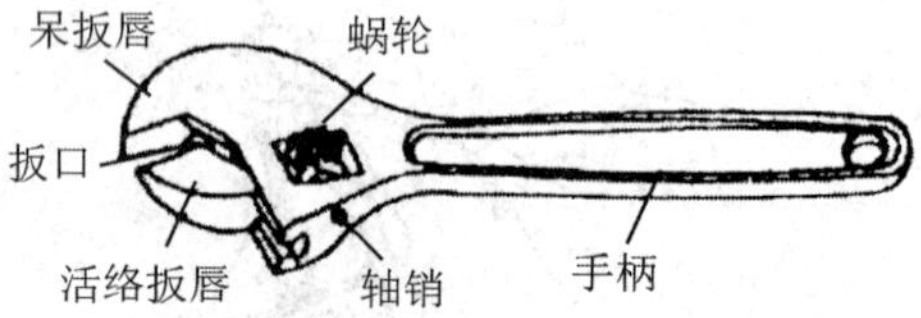

图 2－12 活络扳手

注意：

(1) 活络扳手不可反用，以免损坏活络扳唇，也不可用钢管接长手柄来施加较大的力矩。

(2) 不可将活络扳手当作撬棒或手锤使用。

10. 吸锡器

吸锡器是一种修理电子产品时常用的工具，在拆卸焊盘电子元件时，用于吸收融化的焊锡，常用的手动吸锡器如图 2－13 所示。

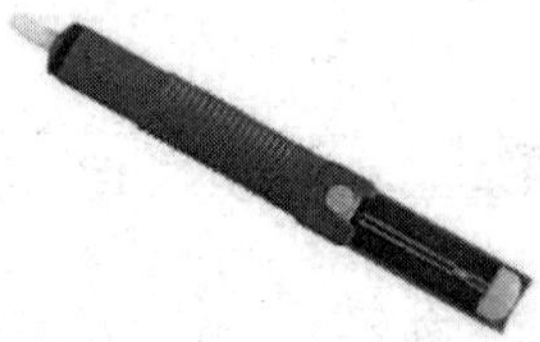

图 2－13 吸锡器

吸锡器的使用步骤如下：

(1) 将吸锡器活塞向下压至卡住。

(2) 用电烙铁加热焊点至焊料熔化。

(3) 移开电烙铁的同时，迅速把吸锡器咀贴上焊点，并按动吸锡器按钮。

(4) 一次吸不干净，可重复操作多次。

在使用吸锡器时要确保吸锡器活塞密封良好，通电前，用手指堵住吸锡器头上的小孔，按下按钮，如活塞不易弹出到位，说明密封良好。吸锡器头的孔径有不同尺寸，要选择合适的规格使用。吸锡器接触焊点以前，每次都蘸一点松香，可以改善焊锡的流动性。使用时，吸锡器头部接触焊点的时间稍长些，当焊锡融化后，以焊点针脚为中心，手向外按顺时针方向画一个圆圈之后，再按动吸锡器按钮。

11. 镊子

镊子的主要用途是摄取微小器件和在焊接时夹持被焊件以防止其移动和帮助散热。有的元件引脚上套的塑料管在焊接时会遇热收缩，也可用镊子将套管向外推动使之恢复到原来位置；镊子还可用来在装配件上绕制较细的线材，以及用来夹持蘸有汽油或酒精的小团棉纱以清洗焊点上的污物等。常用镊子的外形如图 2-14 所示。

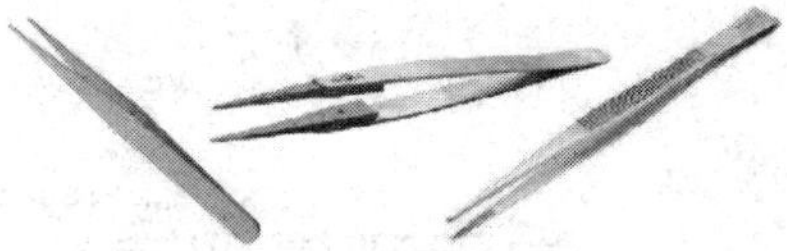

图 2-14 镊子

12. 锉刀

锉刀是表面上有许多细密刀齿与条形，可锉光工件的手工工具，用于对金属、木料、皮革等表层进行微量加工。锉刀按形状可分为扁锉(平锉)、方锉、半圆锉、圆锉、三角锉、菱形锉和刀形锉等。

在手工烙铁焊接中，经常使用的是扁锉，如图 2-15 所示。当电烙铁头严重氧化而发黑时，可以用锉刀锉去电烙铁头上的氧化膜，只有使电烙铁头露出金属光泽并重新上锡后，才可以正常使用烙铁。

图 2-15 扁锉

13. 剪刀

在电子产品的装配与维修中，经常用到剪刀。在实际操作中使用外形较小的剪刀比较方便，如图 2-16 所示。剪刀主要用于剪去多余的元器件引脚，让整机的装配能够更加美观。在没有斜口钳时，剪刀能起到斜口钳的大部分作用。

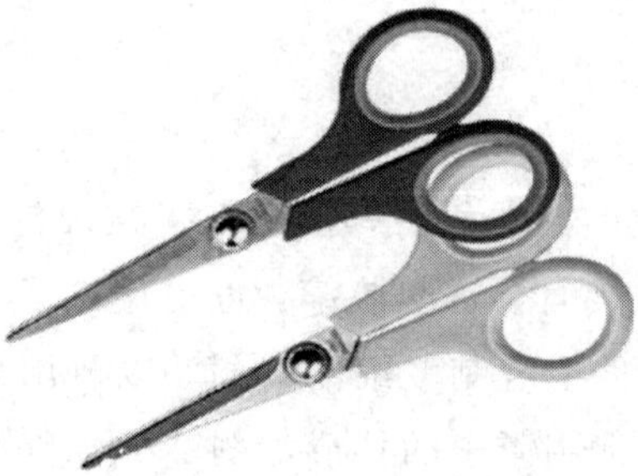

图 2-16 剪刀

2.2 常用测量仪表

万用表是最常用的电工电子测量仪表，用途十分广泛。万用表可用来测量直流电流、直流电压、交流电流、交流电压、电阻和电平等，有的万用表还可用来测量电容、电感以及晶体二极管、三极管的某些参数。由于万用表具有功能多、量程宽、灵敏度高、价格低和使用方便等优点，因此成为电工必备的测量仪表之一。

随着电子技术的发展，万用表已从模拟(指针)式向数字式发展。目前已有带微处理器的智能化数字式万用表，它具有自动量程选择和语言报值等功能。由于指针式万用表的价格低、普及性好，并且已有多年使用的传统，因此目前它仍被广泛使用。

1. 指针式万用表

1）指针式万用表的使用步骤

指针式万用表的使用步骤如下：

(1) 熟悉指针式万用表面板。指针式万用表的结构形式很多，面板上旋钮、开关的布置也有差异。因此，使用指针式万用表前，应仔细了解和熟悉各操作旋钮、开关的作用，并分清表盘上各条标度尺所对应的被测量。

(2) 机械调零。使用指针式万用表前，应将万用表水平放置，检查万用表指针是否指向零位。若指针未指向零位，则应调整机械零位调节旋钮，使指针指向零位。

（3）接好测试表笔。应将指针式万用表红表笔接到红色接线柱上或插入标有“＋”号的插孔内，将黑表笔接到黑色接线柱上或插入标有“－”号的插孔内。

（4）选择测量类型和量程。有些指针式万用表的测量类型选择旋钮和量程变换旋钮是分开的，使用时，应先选择万用表的被测量类型，再选择适当量程。如果指针式万用表的测量类型和量程的选择都由一个转换开关控制，则应根据测量对象将万用表转换开关置于需要的测量类型位置上，再根据被测量的大小将转换开关置于适当的量程位置。如果事先无法估计被测量的数值范围，则可先用被测量的最大量程挡试测，然后逐渐调节，选定适当的量程。测量电压和电流时，万用表指针偏转最好在量程的 1/2～2/3 的范围内；测量电阻时，指针最好在标度尺的中间区域。

（5）正确读数。以 MF64 型万用表为例，其标度盘如图 2－17 所示。使用 MF64 型万用表测量电阻时，应读取标有“ Ω”的最上方第一根标度尺上的分度线数字。使用 MF64 型万用表测量直流电压和直流电流时，应读取标有“DC”的两根标度尺上的分度线数字，满量程数字是 125、10 或 50。使用 MF64 型万用表测量交流电压时，应读取标有“AC”的标度尺上的分度线数字，满量程数字为 250 或 200。图 2－17 中标有“h_{FE}”的两根短标度尺用于使用晶体管附件测量三极管共发射极的电流放大系数，标有“Si”的一根为测量硅三极管的读数标度尺，标有“Ge”的一根为测量锗三极管的读数标度尺；标有“BATT.$_{(R_L=12\ \Omega)}$”的短标度尺用于检查 1.5 V 干电池，测量时，若指针处在“GOOD”范围内，则表示电力充足，若指针处在“BAD”及以下范围，则表示电池已不可使用；标有“dB”的标度尺只有在测量音频电平时才使用。测量电平使用交流电压挡，如果被测对象含有直流成分，则应串联一只 0.1 μF/400V 以上的电容器，以隔断直流电压，若使用较高量程，则应加上附加分贝值。

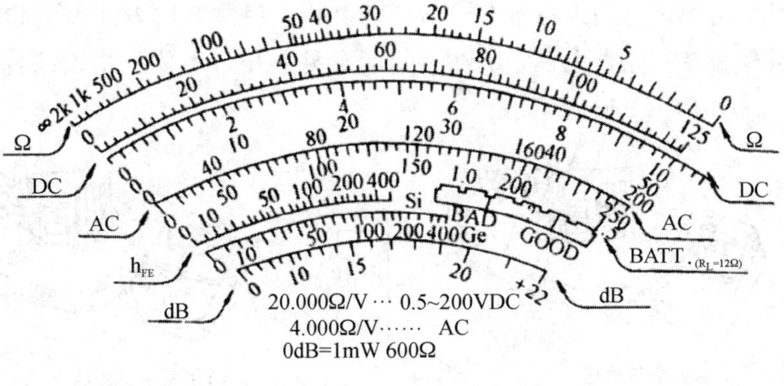

图 2－17　MF64 型万用表标度盘

2）指针式万用表的测量参数

（1）直流电流的测量。一般指针式万用表只有直流电流挡而无交流电流挡。用指针式万用表测量直流电流时，首先将万用表转换开关置于标有“mA”或“μA”符号的适当量程上。一般指针式万用表的最大电流量程在1 A以内，用直接法只能测量小电流。如果要用指针式万用表测量较大电流，则必须并联分流电阻。使用指针式万用表测量直流电流时，将万用表黑表笔（表的负端）接到电源的负极，将红表笔（表的正端）接到负载的一个端头上，负载的另一端接到电源的正极，也就是万用表与负载串联。测量时要特别注意，由于指针式万用表的内阻较小，切勿将万用表两支表笔直接触及电源的两极，否则，万用表表头将被烧坏。用指针式万用表测量直流电流如图2-18所示。

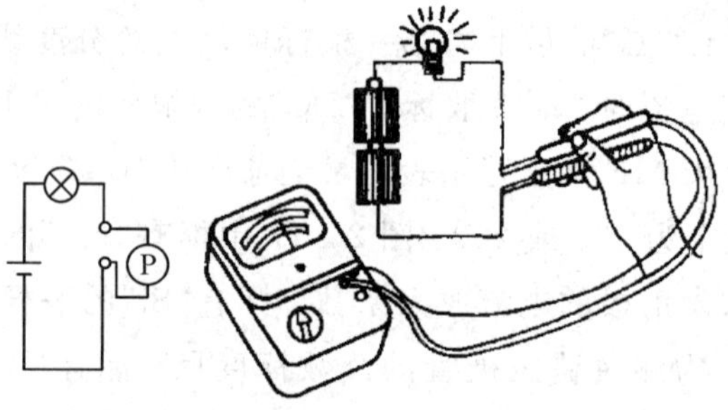

(a) 电路示意图　(b) 连接示意图

图2-18　用指针式万用表测量直流电流

（2）交流电压的测量。使用指针式万用表测量交流电压前，先将万用表转换开关置于标有“V”符号的适当量程上，如图2-19(a)所示，然后将万用表红表笔插入万用表上标有“+”号的插孔内，将黑表笔插入标有“-”号的插孔内。手握万用表红表笔和黑表笔的绝缘部位，先用黑表笔触及一相带电体，用红表笔触及另一相带电体或中性线，读取电压读数

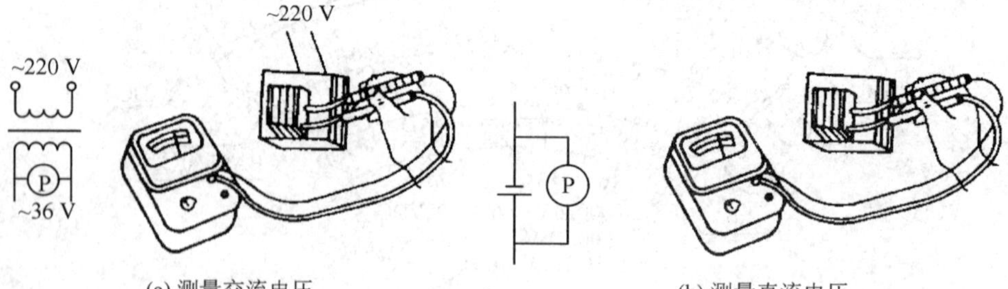

(a) 测量交流电压　(b) 测量直流电压

图2-19　用指针式万用表测量电压示意图

后，使万用表两支表笔脱离带电体。

(3) 直流电压的测量。使用指针式万用表测量直流电压与测量交流电压基本相同，区别在于直流电压有正负之分。测量时，将万用表黑表笔与电源的负极相触碰，将红表笔与电源的正极相触碰，二者不可颠倒，如图2-19(b)所示。如果分不清电源的正负极，则可选用较大的测量范围挡，将两支表笔快速触碰一下测量点，观察万用表指针的指向，找出被测电压的正负极。

(4) 电阻的测量。使用指针式万用表测量电阻前，先将万用表转换开关置于标有"Ω"符号的适当倍率位置上，然后将万用表两支表笔短接、调零，再将两支表笔分别触及电阻的两端，如图2-20所示。将测得的读数乘以倍率数即为所测电阻值。

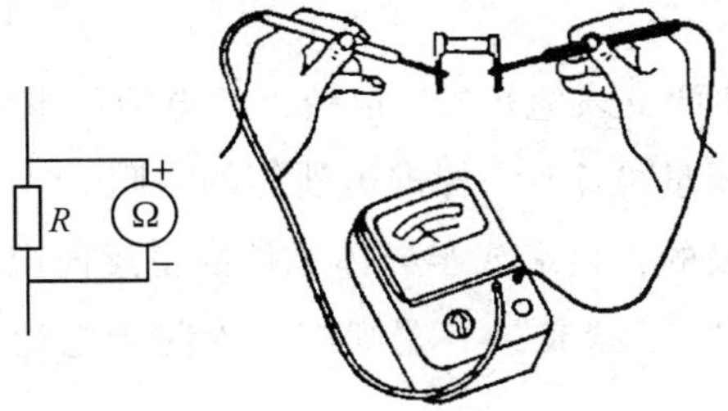

(a) 电路示意图　(b) 连接示意图

图2-20　用指针式万用表测量电阻

(5) 电路通断的判断。在电器的检查和维修中，经常要使用指针式万用表检查电路是否导通。此时可将倍率转换开关置于×1 Ω挡。若读数为零或接近于零，则表明电路是通的；若读数为无穷大，则表明电路不通。

注意：

① 每次测量前都要对指针式万用表进行一次全面检查，以核实表头各部分的位置是否正确。

② 测量时，应用右手握住两支表笔，手指不要触及表笔的金属部分和被测元器件，如图2-21(a)所示。图2-21(b)所示的握笔方法是错误的。

③ 测量过程中不可转动万用表转换开关，以免转换开关的触头产生电弧而损坏开关和表头。

④ 使用×1 Ω挡时，调零的时间应尽量缩短，以延长电池使用寿命。

⑤ 在使用万用表后，应将转换开关置于空挡或交流电压最大量程挡。

⑥ 切勿带电测量，否则不仅测量结果不准确，还可能烧坏电表。若线路中有电容，则

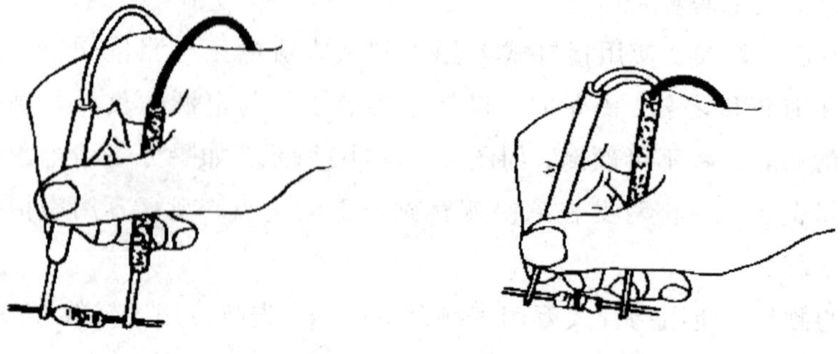

(a) 正确　　(b) 错误

图 2-21　万用表表笔的握法

应先放电。

⑦ 使用间歇中，不可使两支表笔短接，以免浪费电池的电能。

⑧ 不可用欧姆挡直接测量检流计、标准电池等的内阻。

⑨ 使用欧姆挡判别仪表的正负端或半导体元件的正反向电阻时，万用表的“＋”端应与内附干电池的负极相连，而“－”端或“＊”端则应与内附干电池的正极相连。也就是说，黑表笔为正端，红表笔为负端。

⑩ 测量时，要注意两端有无并联电阻，若有，则应先断开一端再进行测量。

2. 数字式万用表

1）数字式万用表的面板

使用数字万用表时，将电源开关按钮“ON - OFF”拨向“ON”一侧，接通电源。用“ZEROADJ”旋钮调零校准，使显示屏显示“000”。用功能转换开关选择被测量的类型和量程。功能转换开关周围字母和符号的含义分别为“DCV”表示直流电压，“ACV”表示交流电压，“DCA”表示直流电流，“ACA”表示交流电流，“Ω”表示电阻，“→|→”表示二极管测量、“C”表示电容，“JI”表示音响通断检查(与二极管测量同一位置)等。

注意：

① 不宜在有噪声干扰源的场所(如正在播放的收音机和电视机附近)使用数字式万用表。噪声干扰会造成测量不准确和显示不稳定。

② 不宜在阳光直射和有冲击的场所使用数字式万用表。

③ 数字式万用表不宜用来测量数值很大的强电参数。

④ 若长时间不使用数字式万用表，则应将电池取出，再次使用前，应检查内部电池的情况。

⑤ 被测量元器件的引脚氧化或有锈迹时，应先清除氧化层和锈迹再进行测量，否则无法读取正确的测量值。

⑥ 每次测量完毕，应将万用表功能转换开关置于空挡或交流电压最高挡。

2）数字式万用表的测量参数

（1）直流电压的测量。

使用数字式万用表测量直流电压时，将万用表黑表笔插入标有“COM”符号的插孔中，将红表笔插入标有“V/Ω”符号的插孔中，并将万用表功能转换开关置于“DCV”的适当位置，将两支表笔跨接在被测负载或电源的两端，如图2-22所示。在显示屏上显示电压读数的同时，还显示红表笔的极性。

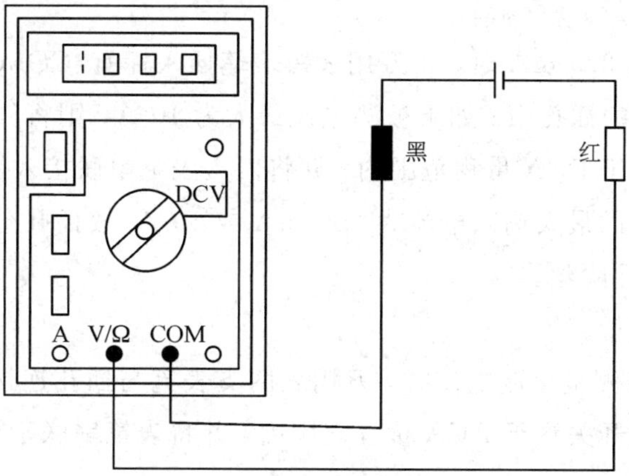

图2-22 直流电压的测量

注意：

① 如果只在高位显示“1”，则表明测量已超过量程，应将量程调至高挡。

② 测量高压时，严禁接触高压电路（如阴极射线管的电极等）。

（2）交流电压的测量。

使用数字式万用表测量交流电压时，将万用表黑表笔插入标有“COM”符号的插孔中，将红表笔插入标有“V/Ω”符号的插孔中，并将万用表功能转换开关置于“ACV”的适当位置，将两支表笔跨接在被测负载或电源的两端，如图2-23所示。

测量时的注意事项与直流电压的测量相同。

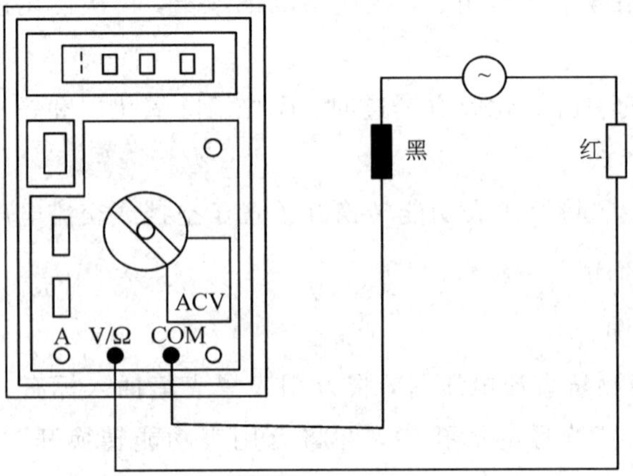

图 2-23 交流电压的测量

(3) 直流电流的测量。

当被测电流最大为 200 mA 时，将万用表黑表笔插入标有“COM”符号的插孔中，将红表笔插入标有“A”符号的插孔中。如果被测电流最大为 10 A，则将红表笔插入“10 A”插孔中；将功能转换开关置于 DCA 量程范围内，并将两支表笔串联接入被测电路中。

“A”和“10 A”插孔的最大输入电流为 200 mA 或 10 A(按插孔分)，200 mA 挡装有保险丝，但 10 A 挡没有保险丝。

(4) 交流电流的测量。

使用数字式万用表测量交流电流时，万用表两支表笔与插孔连接与直流电流的测量相同，将万用表功能转换开关置于 ACA 量程范围内，并将表笔串联于被测电路中。

(5) 电阻的测量。

使用数字式万用表测量电阻时，将万用表黑表笔插入标有“COM”符号的插孔中，将红表笔插入标有“V/ Ω”符号的插孔中，但此时应注意，红表笔的极性应为“+”。将万用表功能转换开关置于“Ω”量程范围内，两支表笔跨接在被测电阻两端。

注意：

① 当两支表笔开路时，显示屏显示“1”是正常现象，即超过量程状态。

② 测量 1 MΩ 以上的高电阻时，需经数秒后显示屏才显示出稳定读数。

③ 被测电阻不得带电。

(6) 通断的检查。

使用数字式万用表检查电路的通断状态时，将万用表黑表笔插入标有“COM”符号的插孔中，将红表笔插入标有“V/ Ω”符号的插孔中，将万用表功能转换开关置于通断检查量程，并将两支表笔跨接在要检查的电路两端。如果电路两端的电阻值小于 30 Ω，那么万用表的蜂鸣器就会发出响声，发光二极管 LED 同时发亮。

检查中，在万用表表笔未接入电路时，万用表的显示屏显示“1”是正常现象。检查前应先切断线路电源。需要特别注意的是，任何负值信号都会使万用表的蜂鸣器发声，从而导致错误判断。

3. 兆欧表

兆欧表又称摇表，是专门用来测量电气线路和各种电气设备绝缘电阻的便携式仪表。它的计量单位是兆欧(MΩ)，所以叫作兆欧表。

兆欧表的主要组成部分是一个磁电式流比计和一个手摇发电机。手摇发电机是兆欧表的电源，可以采用直流发电机，也可以用交流发电机与整流装置配用。直流发电机的容量很小，但电压很高(100～500 V)。磁电式流比计是兆欧表的测量机构，由固定的永久磁铁和可在磁场中转动的两个线圈组成。

当用手摇动发电机时，两个线圈中同时有电流通过，从而在两个线圈上产生方向相反的转矩，而且表指针就随这两个转矩合成转矩的大小而偏转某一角度，这个偏转角度取决于两个线圈中电流的比值。由于附加电阻的阻值是不变的，因此电流值取决于待测电阻值的大小。

需要注意的是，兆欧表测得的是在额定电压作用下的绝缘电阻值。用万用表虽然也能测得数千欧的绝缘电阻值，但所测得的绝缘电阻值只能作为参考。因为万用表所使用的电池电压较低，绝缘材料在电压较低时不易被击穿，而一般被测量的电气线路和设备均要在较高电压下运行，所以，只能采用兆欧表来测量绝缘电阻。

兆欧表的接线柱有三个，一个为“线路”(L)，另一个为“接地”(E)，还有一个为“屏蔽”(G)。用兆欧表测量电气线路或照明线路的绝缘电阻时，接线柱“L”接被测线路，接线柱“E”接地线。用兆欧表测量电缆的绝缘电阻时，为使测量结果准确，消除线芯绝缘层表面漏电所引起的测量误差，还应将接线柱“G”的引线接到电缆的绝缘层上。用兆欧表测量绝缘电阻示意图如图 2 - 24 所示。

用兆欧表测量电气设备对地绝缘电阻时，其正确接线应该是接线柱“L”接被试设备导体，接线柱“E”接地(即接地的设备外壳)，否则将会产生测量误差。

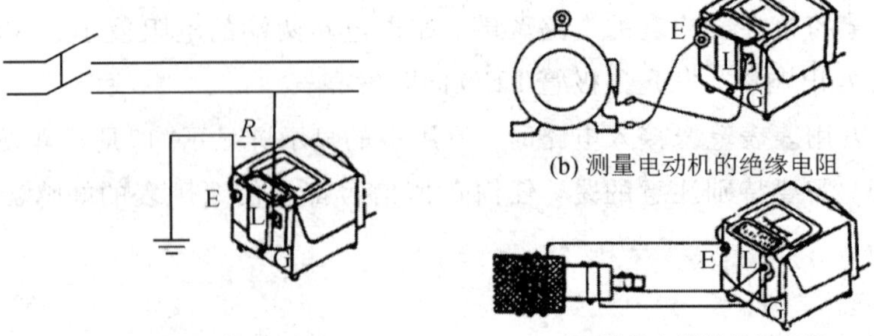

(a) 测量线路的绝缘电阻　(b) 测量电动机的绝缘电阻　(c) 测量电缆的绝缘电阻

图 2－24　用兆欧表测量绝缘电阻示意图

由兆欧表的原理可知，兆欧表的接线柱“E”接发电机正极，接线柱“L”接测量线圈，而接线柱“G”则接发电机的负极，如图 2－25 所示。当用兆欧表测量被测设备对地的绝缘电阻时，被测设备表面泄漏电流经接线柱“G”直接流回发电机负极，并不流过测量线圈，因而能起到屏蔽作用。但如果将接线柱“L”和“E”反接，流过被测设备的泄漏电流和一部分表面泄漏电流仍然经外壳汇集至地，并由地经接线柱“L”流入测量线圈，根本起不到屏蔽作用。

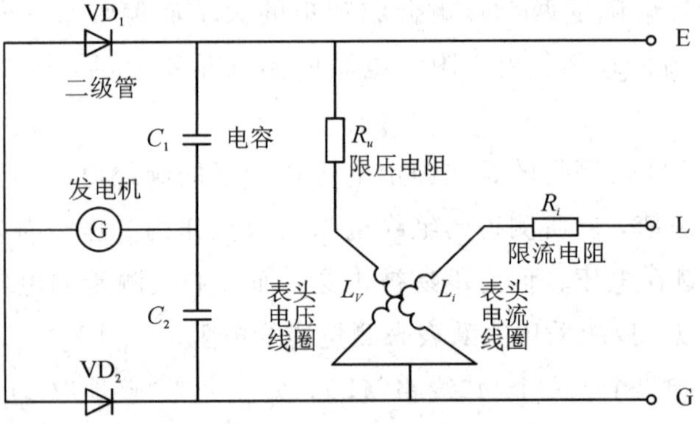

图 2－25　兆欧表电路原理图

另外，一般兆欧表的接线柱“E”及其内部引线对外壳的绝缘程度比“L”低。通常是将兆欧表放在地上使用的，因此，接线柱“E”对表壳及表壳对地有一个绝缘电阻 R_f，当兆欧表正确接线时，R_f 是被短路的，不会带来测量误差。但如果将兆欧表引线反接，即接线柱“L”接地，使接线柱“E”对地的绝缘电阻 R_f 与被测绝缘电阻 R_x 并联，会造成测量结果变小，特别是当接线柱“E”绝缘不好时，将会引起较大的测量误差。

由上述分析可见，使用兆欧表时必须使接线柱“L”接被测设备、接线柱“E”接地、接线柱“G” 接屏蔽端。

注意：

(1) 用兆欧表测量设备的绝缘电阻时，必须先切断被测设备的电源。

(2) 应将兆欧表放在水平位置，在未接线之前，先摇动兆欧表，看指针是否在“∞”处，再将两个接线柱“L”和“E”短路，慢慢地摇动兆欧表，看指针是否指在“0”处(对于半导体型兆欧表不宜用短路校验)。

(3) 兆欧表引线应用多股软线，而且应有良好的绝缘。

(4) 在摇测绝缘电阻时，应使兆欧表保持额定转速，一般为 120 r/min。当被测对象电容量较大时，为了避免指针摆动，可适当提高转速(如 130 r/min)。

(5) 被测物体表面应擦拭洁净，不得有污物，以免漏电影响测量的准确度。

(6) 兆欧表的测量引线不能绞在一起。

(7) 用兆欧表测量绝缘电阻时，要手摇测量一分钟。

2.3 常用电器维修方法

1. 直观检查法

1) 眼看

(1) 查看元器件表面是否有烧焦、熔断、起泡、变形、变色、跳火、霉锈等痕迹。若有则为故障元件。

(2) 查看电器的内部连线，接插件有无松动、脱落或接触不良。

(3) 查看印刷电路板有无断裂以及焊点有无虚焊、搭焊(短路)，有时还需借助放大镜查看。

2) 手摸

(1) 将电器开机数分钟后，拔下电源插头，用手触摸被怀疑有故障的元器件是否过热，从而确定故障部位。

(2) 用手轻摇各元器件的连线、接插件，观察故障现象。

3）耳听

(1) 将电器开机后仔细听一听有无“咝咝”的放电声、交流声，转动电位器有无接触不良的“喀啦”声。

(2) 对于有机械传动的设备，听一听有无异常的机械撞击声。

4）询问

对于出故障的电器，不要急于拆开检修，而是要首先询问用户，了解故障情况及故障产生的原因。例如，故障现象是突然发生的还是逐渐恶化形成的，是周期性的还是时有时无的，有无冒烟和异常气味，故障发生时电源电压有无变化，是否修理、更换或调整过元件等。依据这些情况查找故障原因，判明故障范围。

2. 电压测量法

电压测量法是用万用表测量电路中某些关键工作点上的电压值，根据该点上电压值是否正常来判断或查找电路故障的方法，又称为电压判别法。电压测量法是检修各种电器最常用、简捷、有效的方法之一。

3. 电流测量法

电流测量法是利用万用表测量整机和各支路的电流，根据测量结果是否正常来判断故障所在部位的方法。通常，测量电流时可以直接把万用表串联在电路中，但是有时也可以通过测量电路两端电压再计算出电流值，以此判断电路是否正常。用电流测量法检修电器，往往比其他检修方法更能定量反映出电路的工作状态是否在正常工作范围。尤其是电路中的元器件数值发生变化时，这种方法特别有效。

注意：

① 测量前要考虑所用万用表电流挡的内阻，一般应小于被测电路内阻的十分之一，以免因内阻过大而影响测量结果的准确性。

② 为防止被测电流过大而损坏仪器，应在测量回路中接入假负载。

4. 阻值测量法

用万用表测量电路中元器件的电阻值，根据测得的阻值是否正确查找电路中发生故障的部位的方法称为阻值测量法，又称为阻值判别法。阻值测量法具体分为在线和不在线两种，前者是在电路板上直接测量元器件阻值，后者是把元器件从电路板上拆下来进行测量。

阻值测量法作为电压、电流测量法等诊断方法的补充，是检修各类电器故障的一种常用的、重要的方法。例如在检修比较复杂的电路时，仅用电压测量法往往无法判断某一元器件的好坏，这时就需要用阻值判别法同时检查才能奏效。特别是当把故障判断在一定的范围内时，需要最后验证元器件好坏，主要依靠阻值测量法。

注意：

① 先断电再测量；测量电容前，要先放电再测量，以免损坏万用表。

② 不同型号的万用表有不同的内阻并使用不同的电池电压，因而会有不同的测量结果，要注意分析测量结果的准确性。

③ 因电路中各元器件常有并联因素存在，往往使实际测量值偏小，这时应焊开元器件的一端引线再测量，即所谓的不在线测量。

5. 短路判别法

用导线或其他元件人为地将电路中某一点与地短路，根据故障现象是否变化来查找故障所在部位的方法称为短路判别法，又叫短路试验法。在实际维修工作中，这种判别法有一定局限性，对大电流、高电压的电路故障不适用。

6. 对照比较法

所谓对照比较法就是通过把故障电路与功能正常的电路进行比较来查找故障的方法。这种方法对初学者比较适用。

小　　结

本项目主要介绍了下列概念和相关知识：

（1）常用电工电子实训工具的使用方法及注意事项。

（2）常用电工电子实训测量仪表的使用方法及注意事项。

（3）常用电器维修方法有直观检查法、电压测量法、电流测量法、阻值测量法、短路判别法和对照比较法。

习　题

1. 常用电器维修工具有哪些？

2. 如何用万用表进行电压、电流、电阻的测量？

3. 如何用兆欧表对小型电动机和电缆的绝缘性能进行测试？

项目 3

电烙铁焊接技术实训

实训目标

(1) 掌握焊接的基本知识。

(2) 掌握电子元器件的整形及插装方法。

(3) 掌握电烙铁焊接技术。

(4) 树立社会主义核心价值观，培养劳模精神、劳动精神和工匠精神。

3.1 焊接的基本知识

1. 焊接的种类

焊接是连接金属的一种方法，是电子产品的生产中必须掌握的基本操作技能。现代焊接技术主要分为熔焊、钎焊和接触焊三类。

熔焊是一种加热被焊件(母材)，使其熔化产生合金而焊接在一起的焊接技术，即直接熔化母材的焊接技术。常见的熔焊有电弧焊、激光焊、等离子焊及气焊等。

钎焊是一种在已加热的被焊件之间融入低于被焊件熔点的焊料，使被焊件与焊料融为一体的焊接技术；即母材不熔化、焊料熔化的焊接技术。常见的钎焊有锡焊、火焰钎焊、真空钎焊等。在电子产品的生产中，大量采用锡焊技术进行焊接。

接触焊是一种不用焊料和焊剂即可获得可靠连接的焊接技术。常见的接触焊有压接、绕接、穿刺等。

2. 焊料、焊剂和焊接的辅助材料

1）焊料

焊料是一种熔点低于被焊金属，在被焊金属不熔化的条件下，能在接触面处形成合金层的物质。焊料按其组成部分可分为锡铅合金焊料、银焊料、铜焊料等。锡铅合金焊料又称焊锡，它具有熔点低、机械强度高、抗腐蚀性能好的特点，因此成为最常用的焊料。在对焊接有特殊要求的一些场合，常使用掺有某些金属的焊锡。例如，在锡铅合金中掺入少量的银，可使焊锡的熔点降低，强度增大；在锡铅合金中掺入铜，可使焊锡变成高温焊锡。

锡铅合金焊料有多种形状，如粉末状、带状、球状、块状和管状等，手工焊接中最常见的是管状松香芯焊锡丝。这种焊锡丝将焊锡制成管状，其轴向芯是由优质松香添加一定活化剂组成的。管状松香芯焊锡丝外径有 0.6 mm、0.8 mm、1.0 mm、1.2 mm、1.6 mm、2.3 mm、3.0 mm、4.0 mm 和 5.0 mm 等尺寸。焊接时，根据焊盘的大小选择松香芯焊锡丝的尺寸。通常松香芯焊锡丝的外径应小于焊盘的尺寸。

2）焊剂

焊剂又称助焊剂，它是焊接时添加在焊点上的化合物，是进行锡铅焊接的辅助材料。焊剂能去除被焊金属表面的氧化物，防止焊接时被焊金属和焊料再次发生氧化，并降低焊料表面的张力，有助于焊接。常用的助焊剂有无机助焊剂、有机助焊剂和松香类助焊剂等，在电子产品的焊接中，常使用松香类焊剂。

3）清洗剂

在完成焊接操作后，焊点周围会存在残余焊剂、油污等杂质，这些杂质对焊点有腐蚀作用，会造成绝缘电阻下降、电路短路或接触不良等，因此要对焊点进行清洗。常用的清洗剂有无水乙醇和三氯三氟乙烷，有时也会采用三氯三氟乙烷和乙醇的混合物或汽油和乙醇的混合物作为电子设备的清洗液。

4）阻焊剂

阻焊剂是一种耐高温的涂料，其作用是保护印制电路板上不需要焊接的部位。使用时，将阻焊剂涂在不需要焊接的部位即可。我们常见的印制电路板上没有焊盘的绿色涂层即为阻焊剂。

在焊接中，特别是在自动焊接技术中，阻焊剂可防止桥接、短路等现象的发生，降低返修率；焊接时，可减小印制电路板受到的热冲击，使印制板的板面不易起泡和分层；使用带有色彩的阻焊剂，可使印制板的板面显得整洁美观。

3. 锡焊的基本过程

锡焊是使用锡铅合金焊料进行焊接的一种焊接形式。其过程分为下列三个阶段。

第一阶段：润湿阶段。

润湿阶段是指加热后呈熔融状的焊料沿着被焊金属的表面充分铺开，与被焊金属的表面原子充分接触的过程。为使该阶段达到预期的效果，被焊金属表面的清洗工作是不可缺少的重要环节。

第二阶段：扩散阶段。

在第二阶段，润湿过程中还伴有扩散现象，即在一定的温度下，焊料与被焊金属中原子相互渗透。扩散的结果是在两者的界面上形成合金层(又称界面层)。

第三阶段：焊点的形成阶段。

焊接后，焊料开始冷却。冷却时，界面层(合金层)首先以适当的合金状态凝固，形成金属结晶，然后结晶向未凝固的焊料方向生长，最后形成焊点。

3.2 元器件的整形及插装

1. 元器件引线的弯曲成形

为使元器件在印制板上的装配排列整齐并便于焊接，在安装前通常采用手工或专用机械把元器件引线弯曲成一定的形状，如图 3-1 所示。其中：图 3-1(a)所示适合于手工装配；图 3-1(b)所示适合于机械整形和自动装焊，特别是可以避免元器件在机械焊接过程中从印制板上脱落；图 3-1(c)所示虽然对焊接某些怕热元器件时的散热有利，但因为加工比较麻烦，现在已经很少采用。

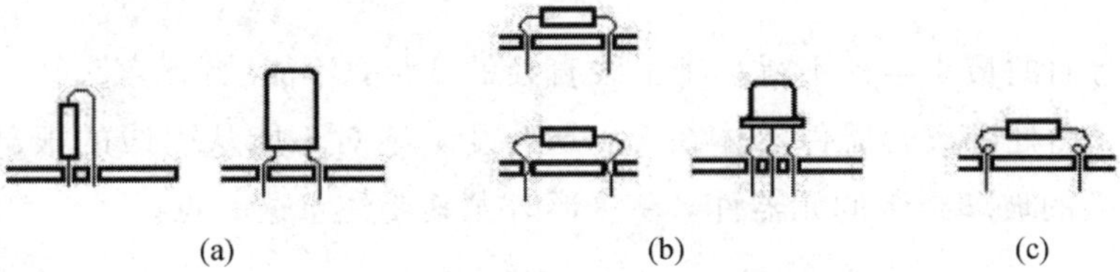

图 3-1 元器件引线弯曲成形

在通孔插装电路板上插装、焊接有引脚的元器件时，大批量生产中通常有两种工艺过程：一是长脚插焊，二是短脚插焊。

所谓长脚插焊，如图 3-2(a)所示，是指元器件引脚在整形时并不剪短，把元器件插装到电路板上后，可以采用手工焊接，然后手工剪短多余的引脚；长脚插焊的特点是：元器件采用手工流水线插装，由于引脚长，因此在插装、焊接的过程中，元器件不容易从板上脱落。这种生产工艺的优点是设备的投入小，适合于生产那些安装密度不高的电子产品。

所谓短脚插焊，如图 3-2(b)所示，是指在对元器件整形的同时剪短多余的引脚，把元器件插装到电路板上后进行弯脚，这样可以避免元器件在以后的工序传递中从电路板上脱落。在整个工艺过程中，从元器件整形、插装到焊接，全部采用自动生产设备。这种生产工艺的优点是生产效率高，但设备的投入大。

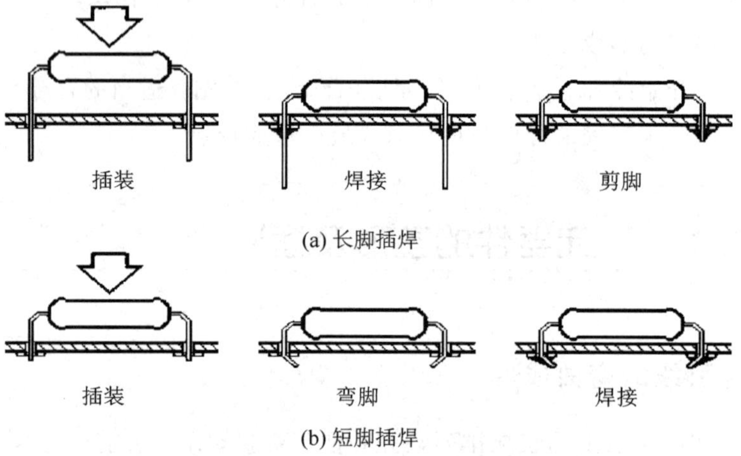

图 3-2　长脚插焊与短脚插焊

无论采用哪种方法对元器件引脚进行整形，都应该按照元器件在印制板上孔位的尺寸要求，使其弯曲成形的引线能够方便地插入孔内。为了避免损坏元器件，整形时必须注意以下两点：

(1) 引线弯曲的最小半径不得小于引线直径的 2 倍，不能“打死弯”。

(2) 引线弯曲处距离元器件本体在 2 mm 以上，绝对不能从引线的根部开始弯折。对于那些容易崩裂的玻璃封装的元器件，在整形时尤其要注意这一点。

2. 元器件的插装

元器件插装到印制电路板上时，无论是卧式安装还是立式安装，都应该使元器件的引线尽可能短。在单面印制板上进行卧式安装时，小功率元器件总是平行地紧贴板面；在双面板上，元器件则可以离开板面约 1～2 mm，以避免因元器件发热而减弱铜箔对基板的附着力，并防止元器件的裸露部分同印制导线短路。

插装元器件时还要注意以下原则：

(1) 要根据产品的特点和企业的设备条件安排装配顺序。如果是手工插装、焊接，则应该先安装那些需要机械固定的元器件，如功率器件的散热器、支架、卡子等，然后安装靠焊接固定的元器件。否则，就会在机械紧固时，使印制板受力变形而损坏其他已经安装的元器件。如果使用自动机械设备进行插装、焊接，就应该先安装那些高度较低的元器件，例如电路的"跳线"、电阻等，后安装那些高度较高的元器件，例如轴向(立式)插装的电容器、晶体管等。对于贵重的关键元器件，例如大规模集成电路和大功率器件，应该放到最后插装。安装散热器、支架、卡子等，要靠近焊接工序，这样不仅可以避免先装的元器件妨碍后面插装的元器件，还可以避免因为传送系统振动而丢失贵重元器件。

(2) 安装各种元器件时，应该尽量使它们的标识(用色码或字符标注的数值、精度等)朝上或朝着易于辨认的方向，并注意标识的读数方向要一致(从左到右或从上到下)，这样有利于检验人员进行直观检查。对于卧式安装的元器件，尽量使两端引线的长度相等或对称，把元器件放在两孔中央，排列整齐；立式安装的色环电阻应该高度一致，最好让起始色环向上以便检查，上端的引线不要留得太长以免与其他元器件短路。元器件的插装示意图如图 3-3 所示。对于有极性的元器件，在插装时要保证方向正确。

(3) 当元器件在印制电路板上立式安装时，单位面积上容纳元器件的数量较多，适合于机壳内空间较小、元器件紧凑密集的产品。但立式安装的元器件机械性能较差，抗震能力弱，如果元器件倾斜，则有可能接触邻近的元器件而造成短路。为使引线相互隔离，往往采用加套绝缘塑料管的方法。在同一个电子产品中，元器件各条引线所加套管的颜色应该一致，以便于区别不同的电极。这种安装方式需要手工操作，除了那些成本非常低廉的民用小产品，在档次较高的电子产品中不会采用。

(4) 在非专业化条件下批量制造电子产品时，通常是手工安装元器件与焊接操作同步进行。应该先安装需要机械固定的元器件，先焊接那些比较耐热的元器件，如接插件、小型变压器、电阻、电容等；然后安装、焊接比较怕热的元器件，如各种半导体器件及塑料封装的元件。

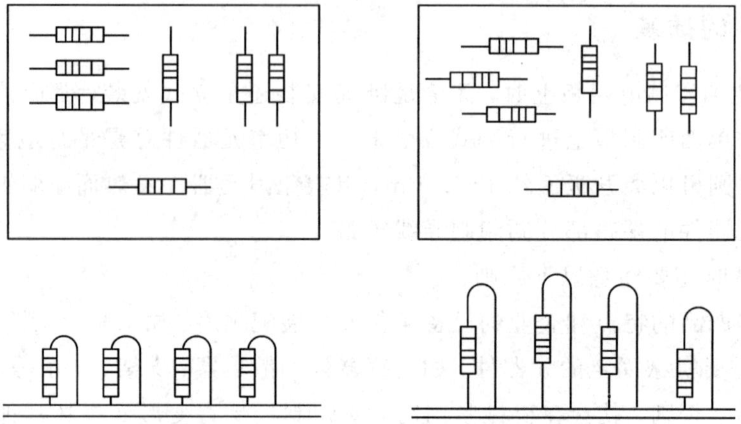

(a) 良好　　(b) 不好

图 3－3　元器件的插装示意图

3.3 手工焊接技术

焊接是制造电子产品的重要环节之一，如果没有相应的工艺质量保证，那么任何一个设计精良的电子产品的制造都难以达到设计要求。在科研开发、设计试制、技术革新的过程中制作少量的电路板，不可能也没有必要采用自动设备，经常需要进行手工装焊。

1. 锡焊的主要特征

焊接技术在电子工业中的应用非常广泛，在电子产品的制造过程中，几乎各种焊接方法都要用到，但使用最普遍、最有代表性的是锡焊方法。锡焊是焊接的一种形式，它是将焊件和熔点比焊件低的焊料共同加热到锡焊温度，在焊件不熔化的情况下，焊料熔化并浸润焊接面，依靠二者原子的扩散形成焊件的连接。其主要特征有以下三点：

（1）焊料熔点低于焊件。

（2）焊接时将焊料与焊件共同加热到锡焊温度，焊料熔化而焊件不熔化。

（3）熔化状态的焊料浸润焊接面，由毛细作用使焊料进入焊件的间隙，形成一个合金层，从而实现焊件的结合。

2. 锡焊必须具备的条件

锡焊必须具备以下条件：

(1) 焊件必须具有良好的可焊性。所谓可焊性，是指在适当温度下，被焊金属材料与焊锡能形成良好结合的合金的性能。不是所有的金属都具有好的可焊性，有些金属如铬、钼、钨等的可焊性非常差；有些金属如紫铜、黄铜等的可焊性又比较好。在焊接时，由于高温使金属表面产生的氧化膜可能会影响材料的可焊性，因此为了提高可焊性，可以采用表面镀锡、镀银等措施来防止材料表面的氧化。

(2) 焊件表面必须保持清洁。为了使焊锡和焊件达到良好的结合，焊接表面一定要保持清洁。即使是可焊性良好的焊件，由于储存条件的影响或被污染，都可能在焊件表面产生对浸润有害的氧化膜和油污。在焊接前务必把污膜清除干净，否则无法保证焊接质量。金属表面轻度的氧化层可以通过焊剂作用来清除，氧化程度严重的金属表面，则应采用机械或化学方法清除，例如进行刮除或酸洗等。

(3) 使用合适的助焊剂。助焊剂的作用是清除焊件表面的氧化膜。不同的焊接工艺应该选择不同的助焊剂，例如：对于镍铬合金、不锈钢、铝等材料，没有专用的特殊焊剂是很难实施锡焊的；在焊接印制电路板等精密电子产品时，为使焊接可靠稳定，通常采用以松香为主的助焊剂，一般是用酒精将松香溶解成松香水使用。

(4) 焊件要加热到适当的温度。焊接时，热能的作用是熔化焊锡和加热焊接对象，使锡、铅原子获得足够的能量后渗透到被焊金属表面的晶格中从而形成合金。焊接温度过低，对焊料原子渗透不利，无法形成合金，极易形成虚焊；焊接温度过高，会使焊料处于非共晶状态，加速焊剂分解和挥发速度，使焊料品质下降，严重时还会导致印制电路板上的焊盘脱落。

(5) 合适的焊接时间。焊接时间是指在焊接全过程中进行物理和化学变化所需要的时间。它包括被焊金属达到焊接温度的时间、焊锡的熔化时间、助焊剂发挥作用及生成金属合金的时间等。当焊接温度确定后，就应根据被焊件的形状、性质、特点等来确定合适的焊接时间。焊接时间过长，易损坏元器件或焊接部位；焊接时间过短，则达不到焊接要求。一般每个焊点焊接一次的时间最长不超过 5 s。

3. 焊接前的准备——镀锡

为了提高焊接的质量和速度，避免产生虚焊等缺陷，应该在装配以前对焊接表面进行可焊性处理——镀锡，即在电子元器件的待焊面(引线或其他需要焊接的地方)镀上焊锡，这是焊接之前一道十分重要的工序，尤其对于一些可焊性差的元器件，镀锡更是至关紧要的。

镀锡也叫搪锡，实际就是用液态焊锡对被焊金属表面进行浸润，形成一层既不同于被焊金属又不同于焊锡的结合层。由这个结合层将焊锡与待焊金属这两种性能、成分都不相同的材料牢固连接起来。

4. 焊接操作的正确姿势

掌握焊接操作的正确姿势，可以保证操作者的身心健康，减轻劳动伤害。

焊接操作一般采用坐姿焊接，工作台和座椅的高度要合适。在焊接过程中，电烙铁离操作者鼻子的距离以 20～30 cm 为佳，这样既可以减少焊料、焊剂加热时挥发的化学物质对人体的伤害，同时也便于操作者进行焊接操作。

焊接操作中电烙铁的握法有以下三种：

(1) 反握法，如图 3-4(a)所示。反握法的动作稳定，长时间操作不易疲劳，对被焊件的压力较大，适用于较大功率的电烙铁(功率＞75 W)对大焊点的焊接操作。

(2) 正握法，如图 3-4(b)所示。正握法适用于中功率电烙铁及带弯头的电烙铁的操作，或直烙铁头大型机的焊接。

(3) 握笔法，如图 3-4(c)所示。握笔法适用于用小功率电烙铁焊接印制板上的元器件。

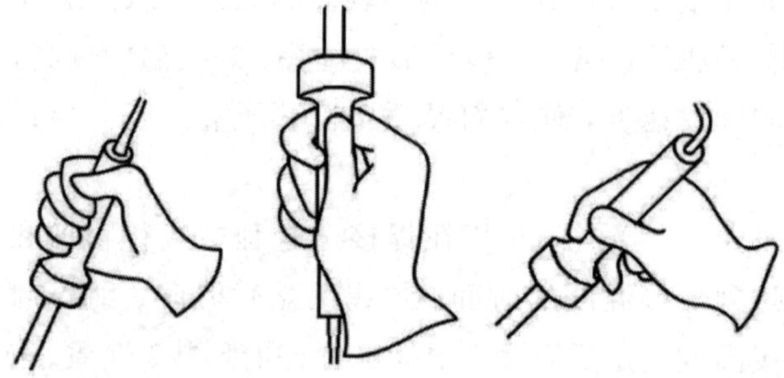

图 3-4 电烙铁的握法

5. 手工焊接操作的基本步骤

手工焊接操作的基本步骤(也称五步法)如图 3-5 所示。

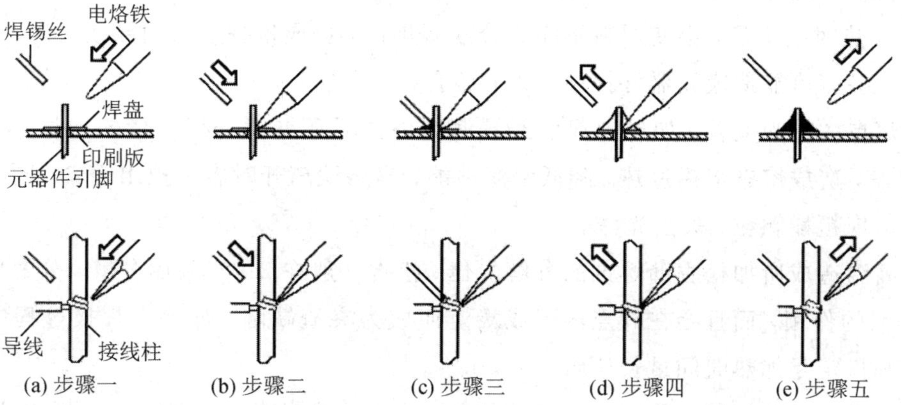

图 3-5 焊接操作的五步法

(1) 准备。焊接前应准备好焊接的工具和材料，清洁被焊件及工作台，进行元器件的插装及导线端头的处理工作，然后左手拿焊锡，右手握电烙铁，进入待焊状态。

(2) 加热。用电烙铁加热被焊件，使焊接部位的温度上升至焊接所需要的温度。

(3) 加焊料。当焊件加热到一定的温度后，即在烙铁头与焊接部位的结合处以及对称的一侧加上适量的焊料。

(4) 移开焊料。当适量的焊料熔化后迅速向左上方移开焊料，然后用烙铁头沿着焊接部位将焊料拖动或转动一段距离，确保焊料覆盖整个焊点。

(5) 移开烙铁。当焊点上的焊料充分润湿焊接部位时，立即向右上方45°的方向移开电烙铁，结束焊接。

上述(2)～(5)的操作过程一般要求在2～3 s内完成。实际操作中，具体的焊接时间还要根据环境温度、电烙铁的功率以及焊点的热容量来确定。在焊点较小的情况下，也可采用三步法完成焊接，即将五步法中的(2)、(3)合为一步，加热被焊件和加焊料同时进行；(4)、(5)合为一步，同时移开焊料和烙铁头。

6. 焊接温度与加热时间

经过试验得出，烙铁在焊件上停留的时间与焊件温度的升高成正比关系。同样的烙铁，加热不同热容量的焊件时，要达到同样的焊接温度，可以通过控制加热时间来实现。但在实践中不能仅依此关系决定加热时间。例如，用小功率烙铁加热较大的焊件时，无论烙铁停留的时间多长，焊件的温度也升不上去，原因是烙铁的供热容量小于焊件和烙铁在空气中散失的热量。此外，为防止内部过热损坏，有些元器件也不允许长期加热。

如果加热时间不足，会使焊料不能充分浸润焊件，形成松香夹渣而导致虚焊。反之，过量的加热，除有可能造成元器件损坏以外，还有如下危害：

(1) 焊点的外观变差。如果焊锡已经浸润焊件以后还继续进行过量的加热，将使助焊剂全部挥发，造成熔态焊锡过热，降低浸润性能；当烙铁离开时容易拉出锡尖，同时焊点表面发白，出现粗糙颗粒，失去光泽。

(2) 高温造成所加松香助焊剂的分解炭化。松香一般在210℃开始分解，分解后不仅会失去助焊剂的作用，而且会在焊点内形成炭渣而成为夹渣缺陷。如果在焊接过程中发现松香发黑，则肯定是加热时间过长所致。

(3) 过量的受热会破坏印制板上铜箔的黏合层，导致铜箔焊盘剥落。因此，在适当的加热时间里，准确掌握加热火候是优质焊接的关键。

7. 手工焊接的操作要领

在保证得到优质焊点的目标下，具体的焊接操作手法可以有所不同，下面列举一些手工焊接的操作要领。

(1) 保持烙铁头的清洁。焊接时，烙铁头长期处于高温状态，又接触助焊剂等弱酸性物质，其表面很容易氧化腐蚀并黏上一层黑色杂质。这些杂质形成隔热层，妨碍了烙铁头与焊件之间的热传导。因此，要注意用一块湿布或湿的木质纤维海绵随时擦拭烙铁头。对于普通烙铁头，若腐蚀污染严重，则可以使用锉刀修去表面氧化层；但对于长寿命烙铁头，绝对不能使用这种方法。

(2) 靠增加接触面积来加快传热。加热时，应该让焊件上需要焊锡浸润的各部分均匀受热，而不是仅仅加热焊件的一部分，更不要采用烙铁对焊件增加压力的办法，以免造成损坏或不易觉察的隐患。有些初学者用烙铁头对焊接面施加压力，企图加快焊接，这是不对的。正确的方法是：根据焊件的形状选用不同的烙铁头，或者自己修整烙铁头，让烙铁头与焊件形成面的接触而不是点或线的接触。这样，就能大大提高传热效率。

(3) 加热要靠焊锡桥。在非流水线作业中，焊接的焊点形状是多种多样的，不可能不断更换烙铁头。要提高加热效率，需要有进行热量传递的焊锡桥。所谓焊锡桥，就是烙铁头上保留少量焊锡作为加热时烙铁头与焊件之间传热的桥梁。由于金属熔液的导热效率远远高于空气，因此，通过焊锡桥焊件很快就被加热到焊接温度。应该注意，焊锡桥的锡量不可保留过多，不仅因为长时间存留在烙铁头上的焊料处于过热状态，实际已经降低了质量，还因为锡量过多可能造成焊点之间误连短路。

（4）撤离烙铁要有正确的方向。烙铁的撤离要及时，而且撤离时的角度和方向与焊点的形成有关。图 3－6 所示为不同的方向撤离烙铁对焊点锡量的影响。

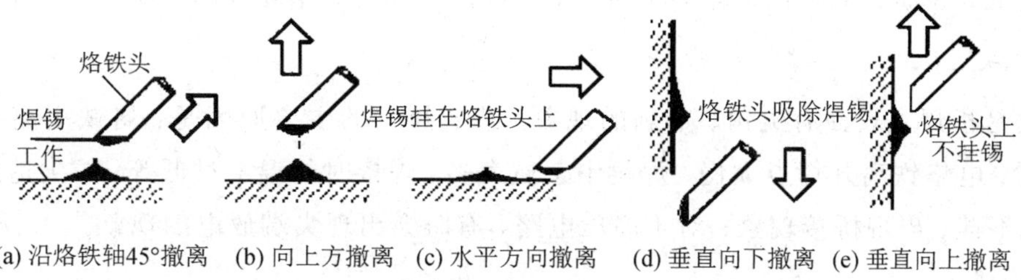

图 3－6　不同的方向撤离烙铁和焊点锡量的关系

（5）在焊锡凝固之前焊件不能移动。切勿使焊件移动或受到振动，特别是用镊子夹住焊件时，一定要等焊锡凝固后再移走镊子，否则极易造成焊点结构疏松或虚焊。

（6）焊锡用量要适中。手工焊接常使用的管状焊锡丝，其内部已经装有由松香和活化剂制成的助焊剂。焊锡丝的直径有 0.5 mm、0.8 mm、1.0 mm、5.0 mm 等多种规格，要根据焊点的大小选用。一般应使焊锡丝的直径略小于焊盘的直径，如图 3－7 所示。过量的焊锡不但无必要地消耗了焊锡，而且增加了焊接时间，降低了工作速度。更为严重的是，过量的焊锡很容易造成不易觉察的短路故障。焊锡过少也不能形成牢固的结合，同样是不利的。特别是焊接印制板引出导线时，焊锡用量不足，极容易造成导线脱落。

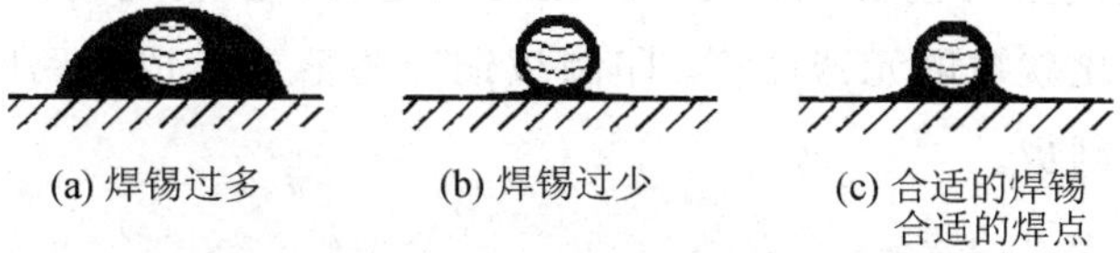

图 3－7　焊点锡量的掌握

（7）不要使用烙铁头作为运送焊锡的工具。有的人习惯到焊接面上进行焊接，结果造成焊料的氧化。这是因为烙铁尖的温度一般都在 300℃以上，在高温时，焊锡丝中的助焊剂容易分解失效，焊锡也处于过热的低质量状态。

8. 焊点的常见缺陷

1）虚焊

虚焊主要是由待焊金属表面的氧化物和污垢造成的，它使焊点成为有接触电阻的连接状态，导致电路工作不正常，出现连接时好时坏的不稳定现象，使噪声增加且没有规律性，给电路的调试、使用和维护带来重大隐患。一般来说，造成虚焊的主要原因是：焊锡质量差；助焊剂的还原性不良或用量不够；被焊接处表面未预先清洁，镀锡不牢；烙铁头的温度过高或过低，表面有氧化层；焊接时间不对；焊接中焊锡尚未凝固时，焊接元件松动等。

2）拉尖

拉尖是指焊点表面有尖角、毛刺的现象。造成拉尖的主要原因是：烙铁头离开焊点的方向不对、电烙铁离开焊点太慢、焊料中杂质太多、焊接时的温度过低等。拉尖造成的后果有：外观不佳、出现桥接现象；对于高压电路，有时会出现尖端放电的现象。

3）桥接

桥接是指焊锡将电路之间不应连接的地方误焊接起来的现象。造成桥接的主要原因是：焊锡用量过多、电烙铁使用不当、导线端头未处理好、自动焊接时焊料槽的温度过高或过低等。桥接导致产品出现电气短路、有可能使相关电路的元器件损坏。

4）球焊

球焊是指焊点形状像球形、与印制板只有少量连接的现象。造成球焊的主要原因是印制板面有氧化物或杂质。球焊造成的后果是被焊部件只有少量连接，因而其机械强度差，略微振动就会使连接点脱落，造成断路故障。

5）印制板铜箔脱落

造成印制板铜箔脱落的主要原因是：焊接时间过长、温度过高、反复焊接；或在拆焊时，焊料没有完全熔化就拔取元器件等。印制板铜箔脱落会造成电路断路或元器件无法安装，甚至损坏整个印制板。

9. 典型焊点的形成及其外观

在单面和双面(多层)印制电路板上，焊点的形成是有区别的。在单面板上，焊点仅形成在焊接面的焊盘上方，如图 3-8(a)所示；但在双面板或多层板上，熔融的焊料不仅浸润焊盘上方，还由于毛细作用，会渗透到金属化孔内，焊点形成的区域包括焊接面的焊盘上方、金属化孔内和元件面上的部分焊盘，如图 3-8(b)所示。

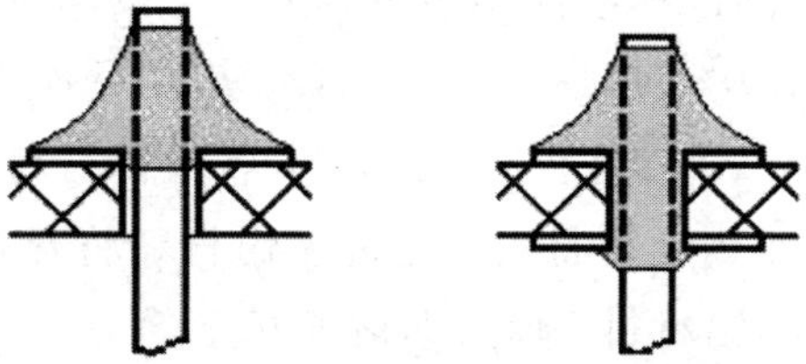

图 3－8　焊点的形成

典型焊点的外观如图 3－9 所示，从外表直观来看，对焊点的要求如下：

（1）形状为近似圆锥而表面稍微凹陷，呈坡状，以焊接导线为中心，对称呈裙形展开。

（2）焊料的连接面呈凹形自然过渡，焊锡和焊件的交界处平滑，接触角尽可能小。

（3）表面平滑，有金属光泽。

（4）无裂纹、针孔、夹渣等现象。

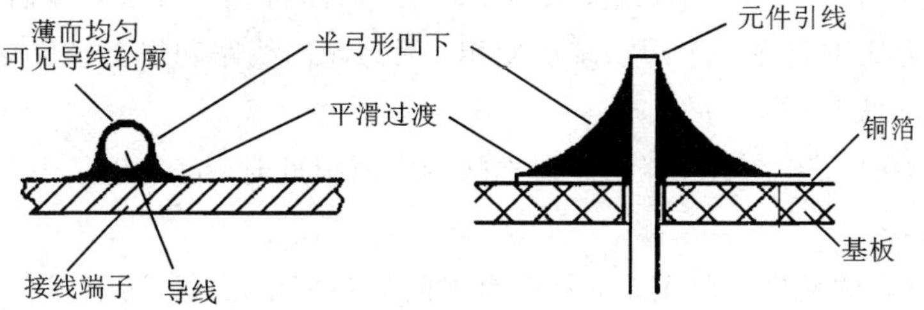

图 3－9　典型焊点的外观

10. 拆焊工艺

拆焊又称解焊，是指把元器件从原来已经焊接的安装位置上拆卸下来。当焊接出现错误、损坏或调试维修电子产品时，就要进行拆焊操作。

1）拆焊工具和材料

普通电烙铁：用于加热焊点。

镊子：用于夹持元器件或借助于电烙铁恢复焊孔。以端头较尖、硬度较高的不锈钢材质为佳。

吸锡器：用于吸去熔化的焊锡，使元器件的引脚与焊盘分离。吸锡器必须借助电烙铁才能发挥作用。

吸锡电烙铁：同时具有加热和吸锡的功能，可独立完成熔化焊锡和吸去多余焊锡的任务。操作时，先用吸锡电烙铁加热焊点，等焊锡熔化后，按动吸锡按键，即可把熔化的焊锡吸掉。吸锡电烙铁是拆焊操作中使用最方便的工具，其拆焊效率高，且不伤元器件。

吸锡材料：屏蔽线编织层、细铜网等。使用时，将吸锡材料浸上松香水后，贴到待拆焊的焊点上，然后用电烙铁头加热吸锡材料，通过吸锡材料将热传递到焊点上熔化焊锡，吸锡材料将焊锡吸附后，拆除吸锡材料，焊点即被拆开。

2）拆焊方法

掌握正确的拆焊方法非常重要。如果拆焊不当，则极易造成被拆焊的元器件、导线等的损坏，也极易造成焊盘脱落。

拆焊方法有以下几种：

（1）分点拆焊法。当需要拆焊的元器件引脚不多且需要拆焊的焊点距其他焊点较远时，可采用分点拆焊法。这种方法是将印制板立起来，用电烙铁加热焊点，当焊点的焊锡完全熔化时，用镊子或尖嘴钳夹住元器件引线，轻轻地把元器件拉出来。重新焊接时，必须在加热并熔化焊锡的情况下，用锥子(或尖头镊子)从铜箔面将焊孔导通，再插入元器件进行重焊。注意，这种方法不宜在一个焊点多次使用，因为印制线路和焊盘经反复加热后，很容易脱落，造成印制板损坏。

（2）集中拆焊法。当需要拆焊的焊点之间的距离很近时，可采用集中拆焊法。在两种情况可使用这种方法。

① 当需要拆焊的元件引脚不多，且焊点之间的距离很近时，可直接使用电烙铁同时快速、交替地加热待拆的几个焊点，待这几个焊点同时熔化后，一次拔出拆焊元件，如拆焊立式安装的电阻、电容、二极管或小功率晶体管等。

② 当需要拆焊的元件引脚多且焊点之间的距离很近时，应使用吸锡工具拆焊，即用电烙铁和吸锡工具(或直接使用吸锡电烙铁)逐个将待拆元器件焊点上的焊锡吸掉，并将元器件的所有引脚与焊盘分离，即可拆下元器件。

（3）断线拆焊法。当被拆焊的元器件可能需要多次更换或已经拆焊过时，可采用断拆焊法。这种方法是对被拆焊的元器件，不进行加热过程，而是用斜口钳剪下元器件，但必须在原印制板上留出部分引脚，以便连接新元件。

小　结

本项目主要介绍了下列概念和相关知识：

（1）焊接是使金属连接的一种方法，是电子产品生产中必须掌握的一种基本操作技能。现代焊接技术主要分为熔焊、钎焊和接触焊三类。

（2）锡焊的过程分为三个阶段：润湿阶段、扩散阶段和焊点的形成阶段。

（3）手工焊接操作的基本步骤包括：准备、加热、加焊料、移开焊料、移开烙铁。

（4）对焊点的要求是：形状为近似圆锥而表面稍微凹陷，呈坡状，以焊接导线为中心，对称呈裙形展开；焊料的连接面呈凹形自然过渡，焊锡和焊件的交界处平滑，接触角尽可能小；表面平滑，有金属光泽；无裂纹、针孔、夹渣等现象。

习　题

1. 焊接的种类主要有哪些？
2. 焊接的基本步骤有哪些？
3. 如何衡量焊点质量的好坏？
4. 手工焊接的注意事项有哪些？

项目 4

SMT(表面安装技术)实训

实训目标

(1) 了解 SMT 的特点，熟悉 SMT 基本工艺过程。

(2) 认识常用的 SMT 元器件。

(3) 认识用于 SMT 实训的小型 SMT 设备。

(4) 理解教育、科技、人才在全面建设社会主义现代化国家过程中的基础性、战略性支撑作用；理解大国工匠、高技能人才作为国家战略人才的重大意义，更加自觉地成长为堪当民族复兴大任的时代新人。

表面安装技术(Surface Mounting Technology，SMT)是一种将表面贴装器件贴焊到印制电路板表面规定位置上的电路安装技术，它所用的电路板无需钻孔。20 世纪 80 年代，SMT 的生产技术日趋完善，SMT 元器件得以大量生产，其价格大幅度下降，各种技术性能好、价格低的 SMT 设备纷纷面世。用 SMT 组装的电子产品具有体积小、性能好、功能全、价位低的优势。20 世纪 90 年代，随着表面贴装器件和表面贴装设备的迅速发展，SMT 已经在很多领域取代了传统的通孔安装技术(Through Hole Technology，THT)。

在本实训项目中，主要介绍 SMT 的特点、工艺及实训用的小型 SMT 设备等。

4.1 SMT 简介

1. SMT 的主要特点

SMT 的主要特点如下：

(1) 组装密度高。SMT 元器件比传统 THT 元器件所占面积和重量都大为减小，一般来说，采用 SMT 可使电子产品体积缩小 40%～60%，重量减轻 60%～80%。通孔安装技术元器件一般按 2.54 mm 网格安装元器件，而 SMT 组装元器件网格从 1.27 mm 发展到目前的 0.63 mm 网格，少数达到 0.5 mm 网格，密度更高。例如一个 64 引脚的 DIP 集成块，它的组装面积为 25 mm×75 mm，而采用引线间距为 0.63 mm 的方形扁平封装集成块(QFP)，它的组装面积仅为 12 mm×12 mm。

(2) 可靠性高。由于 SMT 元器件小而轻，抗振动能力强，自动化生产程度高，故 SMT 可靠性高，一般不良焊点率小于百分之十，比通孔安装技术至少低一个数量级，大大提高了产品的可靠性。

(3) 高频特性好。由于 SMT 元器件贴装牢固，器件通常为无引线或短引线，降低了寄生电容的影响，提高了电路的高频特性。采用 SMT 元器件设计的电路最高频率可达 3 GHz，而采用通孔元器件的电路仅为 500 MHz。采用 SMT 也可缩短信号传输延迟时间，提高了信号传输速度。采用 SMT 还可以减小电磁干扰和射频干扰，使整个产品的性能提高。

(4) 成本低。SMT 使 PCB 面积大大减小，成本降低。无引线和短引线使 SMD、SMC 成本降低；安装中省去引线成型、打弯、剪线等工序，减少了生产费用；频率特性提高，减少了调试费用；焊点可靠性提高，减少了调试和维修成本。一般情况下，采用 SMT 后可使产品总成本下降 30%以上。

(5) 便于自动化生产。目前通孔安装的印制板要实现完全自动化，还需扩大 40%原印制板面积，才能使自动插件的插装头将元器件插入，若没有足够的空间间隙，则会碰坏元器件。而自动贴片机采用真空吸嘴吸放元器件，真空吸嘴小于元器件外形，可提高安装密度。在实际生产中，小元件及细间距器件均可采用自动贴片机进行安装生产，实现全自动化。

2. SMT 的主要问题

在生产中 SMT 也存在以下问题：

(1) 元器件上的标称数值不易看清楚，维修工作困难。

(2) 维修调换元器件困难，需专用工具。

(3) 元器件与印制板之间热膨胀系数一致性差。

(4) 初始投资大，生产设备结构复杂，涉及技术面宽，费用较贵。

随着专用拆装工具及新型的低膨胀系数印制板的出现，这些问题已不再成为阻碍 SMT

深入发展的障碍。

3. SMT 和 THT 的比较

图 4－1 所示为 SMT 和 THT 的安装尺寸比较。表 4－1 为 SMT 和 THT 的区别。

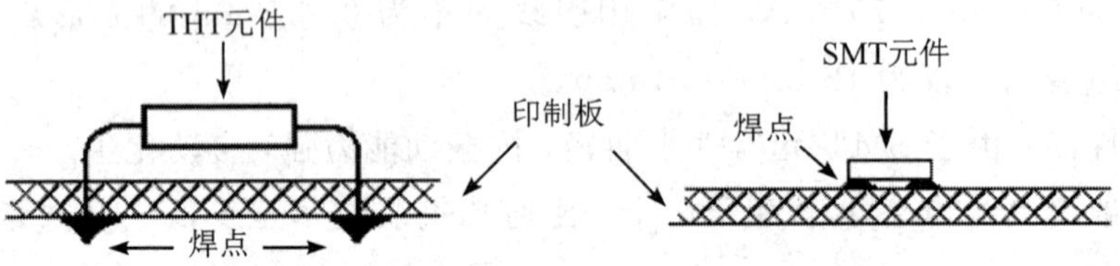

图 4－1 SMT 和 THT 的安装尺寸比较

表 4－1 SMT 和 THT 的区别

安装方式	年 代	代表元器件	安装基板	安装方法	焊接技术
通孔安装（THT）	20 世纪 60～70 年代	晶体管、轴向引线元件	单、双面 PCB	手工/半自动插装	手工焊、浸焊
	20 世纪 70～80 年代	单、双列直插 IC、轴向引线元件编带	单面及多层 PCB	自动插装	波峰焊、手工焊、浸焊
表面安装（SMT）	20 世纪 80 年代开始	SMC、SMD 片式封装 VSI、VLSI	高质量 SMB	自动贴片机	波峰焊、再流焊

4. SMT 工艺简介

下面分别介绍 SMT 两种基本的焊接方式。

1）波峰焊

波峰焊适合大批量生产，对贴片精度要求高，生产过程自动化程度要求也很高。

波峰焊的基本步骤如下：

（1）点胶。手动/自动点胶机点胶。

（2）贴片。手动/自动贴片机贴片。

（3）固化。加热使贴片固化。

(4) 焊接。用波峰焊机焊接。

图 4-2 所示为波峰焊基本步骤示意图。

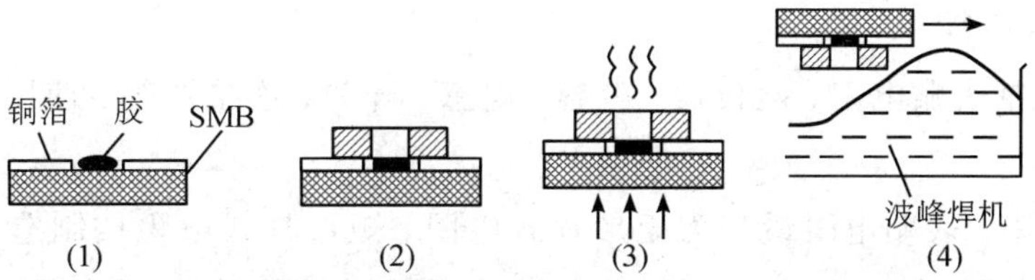

图 4-2 波峰焊(SMT 焊接工艺 1)基本步骤示意图

2) 再流焊

再流焊方式较为灵活，视配置设备的自动化程度，既可用于中小批量生产，又可用于大批量生产。

再流焊的基本步骤如下：

(1) 印锡膏。在 PCB 上用印刷机印制焊锡膏。

(2) 贴片。用手动、半自动或自动贴片机进行贴片。

(3) 焊接。用再流焊机焊接。

图 4-3 所示为再流焊基本步骤示意图。

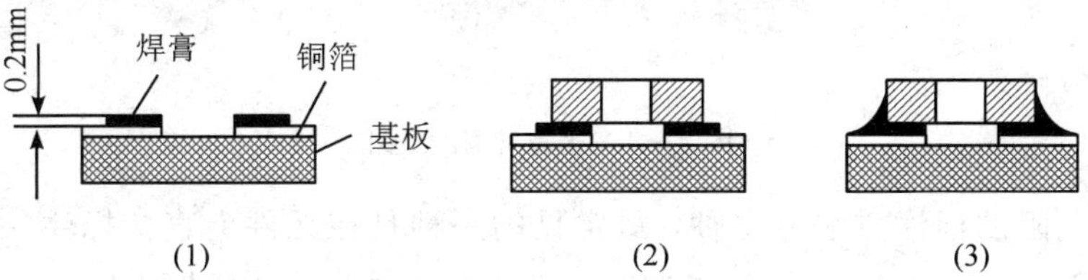

图 4-3 再流焊(SMT 焊接工艺 2)基本步骤示意图

根据需要可将上述两种方法交替使用，称为混合安装法。

4.2 SMT 元器件及设备

1. 表面贴装元器件(Surface Mounting Device, SMD)

由于安装方式不同，因此 SMT 元器件与 THT 元器件的主要区别在于外形封装。另外由于 SMT 重点在减小体积，故 SMT 元器件以小功率元器件为主。又因为大部分 SMT 元器件为片式，故通常称为片状元器件或表贴元器件，简称 SMD。

1）片状阻容元件

表贴元件包括表贴电阻、电位器、电容、电感、开关、连接器等。使用最广泛的是表贴电阻和表贴电容。

(1) 表贴电阻。表贴电阻最初为矩形片式电阻，矩形片式电阻按制造工艺的不同分为两种类型：一类是膜型(RN 型)电阻，另一类是薄膜型(RK 型)电阻。RN 型电阻精度高、温度系数小、稳定性好，但阻值范围比较窄，适用于高精度和高频领域；RK 型电阻在电路中应用最广泛。表贴电阻的外形如图 4-4 所示。

图 4-4　表贴电阻外形图

矩形片式电阻的标注方法有多种，最常见的一种是在元件上直接标注，其规律如下：

当矩形片式电阻精度为 5%时，采用三位数表示。其中，短接线记为 000；若阻值≤10 Ω，则第二位为“R”；若阻值>10 Ω，则最后一位数表示增加的零的个数。例如：4.7 Ω 记为 4R7；0 Ω(短接线)记为 000；100 Ω 记为 101。

当矩形片式电阻精度为 1%时，采用四位数表示。前面三位数为有效数字，第四位数表示增加的零的个数；若阻值≤10 Ω，则第二位加“R”，若阻值为 100 Ω，则在第四位补“0”。例如：4.7 Ω 记为 4R70；100 Ω 记为 1000；1 MΩ 记为 1004；10 Ω 记为 10R0。

表贴电阻除了矩形片式电阻，还有圆柱形固定电阻，即金属电极无端子面元件(Metal Electrode Face Bonding Type，MELF)。与片式电阻相比，MELF 无方向性和正反面性，方便包装和使用，装配密度高，固定到印制板上有较高的抗弯能力，特别是噪声电平和三次谐波失真都比较低，常用于高档音响电器产品中。通常以色环法标注 MELF 的阻值。

表面安装电位器又称片式电位器(Chip Potentiometer)，包括片状、圆柱状、扁平矩形结构等各类电位器，它在电路中起调节分路电压和分路电阻的作用，故分别称为分压式电位器和可变电阻器。

(2) 表贴电容。表贴电容有片状和圆柱形两种，片状电容主要是陶瓷叠片独石结构，其外形代码与片状电阻含义相同，主要有 1005/0402，1608/0603，2012/0805，3216/1206，3225/1210，4532/1812，5664/2225 等。片状电容的厚度一般为 0.9～4.0 mm。片状陶瓷电容根据所用陶瓷不同分为三种，其代号及特性分别如下：

NPO：Ⅰ类陶瓷电容，性能稳定，损耗小，用于高频高稳定场合。

X7R：Ⅱ类陶瓷电容，性能较稳定，用于要求较高的中低频的场合。

Y5V：Ⅲ类低频陶瓷电容，比容大，稳定性差，用于容量、损耗要求不高的场合。

片状陶瓷电容的电容值采用数码法表示，但不印在元件上。其他参数，例如误差、耐压等表示方法与普通电容相同。常见的表贴电容形式有很多种，它们的外形如图 4-5 所示。

图 4-5 常见表贴电容外形图

2) 其他表贴器件

其他表贴器件包括表面贴装分立器件(二极管、三极管、FET/晶闸管等)和集成电路两大类。

(1) 表面贴装分立器件。除部分二极管采用无引线圆柱外形外，表面贴装分立器件的主要封装形式均为小外形封装 SOP(Small Outline Package)型和 TO 型，此外还有 SC-70、SO-8、SOT-23 等封装形式。图 4-6 所示是几种常用表面贴装分立器件封装形式。

(2) 表面贴装集成电路。表面贴装集成电路主要有三种封装形式，分别是 SOP、四列扁平(QFP)封装和 BGA 封装，其中 BGA 封装应用日益广泛，主要用于引线多、要求微型

图 4-6 常用表面贴装分立器件封装形式

化的电路。表面贴装集成电路常见的几种封装形式如图 4-7 所示。

(a) SOP封装　(b) QFP封装　(c) BGA封装

图 4-7 表面贴装集成电路常见的几种封装形式

2. 印制板 SMB(Surface Mounting Board)

1) SMB 的特殊要求

SMB 的特殊要求如下:

(1) 外观光滑平整,不能有翘曲或高低不平。

(2) 热膨胀系数小,导热系数高,耐热性好。

(3) 铜箔黏合牢固,抗弯强度大。

(4) 基板介电常数小,绝缘电阻高。

2) 焊盘设计

片状元器件焊盘形状对焊点强度和可靠性影响很大,以片状阻容元件为例,如图 4-8 所示。其中 $A=b$ 或 $b-0.3$,$B=h+T+0.3$(电阻),$B=h+T-0.3$(电容),$G=L-2T$。

大部分 SMD 在 CAD 软件中都有对应的焊盘图形,只要正确选择,便可满足一般的设计要求。

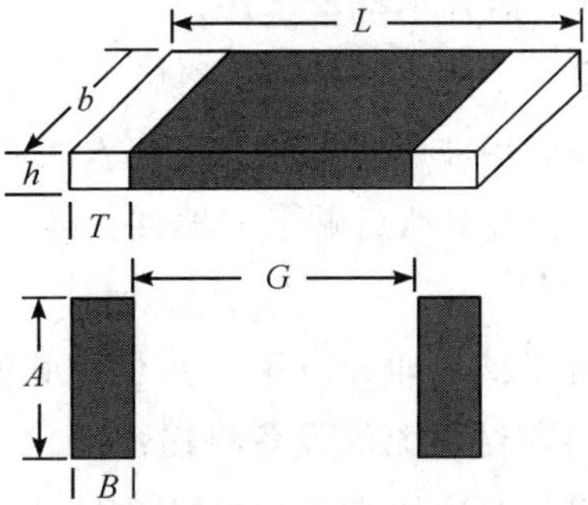

图 4-8 片状元器件焊盘

3. 小型 SMT 设备

1) 焊膏印刷机

焊膏是由专用设备施加在焊盘上的，专用设备有全自动印刷机、半自动印刷机、手动印刷机、半自动焊膏分配器等。手动印刷适用于中小批量生产和产品研发。它的优点是操作简便、成本较低；缺点是需人工手动定位，无法进行大批量生产。

图 4-9 所示为一般实训用的 SMT 手动焊膏印刷机，它采用丝网漏板作为模板，将焊膏、胶黏剂或其他稠状材料，按照模板图形，精确印刷在待组装的电路板上，以便后面黏片、焊接之用。

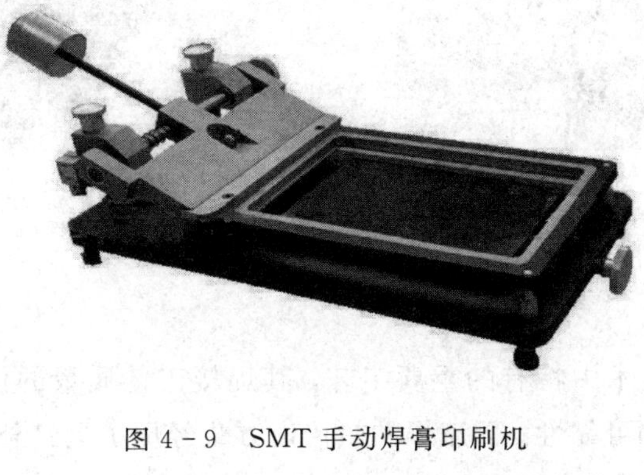

图 4-9 SMT 手动焊膏印刷机

2) 贴片工具

用焊膏印刷机印刷好电路板之后，就要将表贴元器件贴到电路板对应的位置上。目前有三种常用方式：

（1）手工贴。用电烙铁焊接，适合小批量生产。

（2）点胶贴。先在表贴元器件中间点热固胶，然后由人工或贴片机贴上元器件，再进行高温固化，固定表贴元器件，最后用波峰焊焊接，这种方法适合与插装件同时焊接。

（3）点锡膏。在焊盘上点上锡膏，然后贴上元器件，再通过再流焊把锡膏固化，此种方法适用于不用波峰焊的情况。

在实训中，我们使用第三种方式，即经过第一步将焊锡膏印刷到电路板上，然后手动将表贴元器件贴到相应位置，再通过再流焊设备将锡膏固化。其中，手工贴片有两种方法：一是用镊子直接拾取安放；二是用真空吸取安放，如图 4-10 所示，用真空笔吸取每一个表贴元器件，将之放置到相应的位置。配合真空吸笔使用的是一种小型气泵，如图 4-11 所示。

图 4-10　真空吸取安放表贴元器件

图 4-11　小型气泵

3）再流焊设备

再流焊是表面贴装技术中特有的重要工艺，其焊接工艺质量的优劣不仅影响正常生产，也影响最终产品的质量和可靠性。再流焊的热传递方式经历了远红外线、全热风、红外/热风三个阶段。典型的台式自动再流焊机如图 4-12 所示，其工作电压为交流 220 V/50 Hz，额定功率为 2.2 kW，有效焊区尺寸为 240 mm×180 mm，加热方式采用远红外+强制热风方式，采用抽屉式 PCB 工件盘，实现了静止状态下的焊接，可避免 SMD 元件在焊接过程中的微动，从而完成窄间距及细小 SMD 元件的焊接。它采用微电脑控制，设置好工艺参数后，整个焊接过程自动完成。再流焊的一般工艺曲线如图 4-13 所示。

图 4-12　台式自动再流焊机

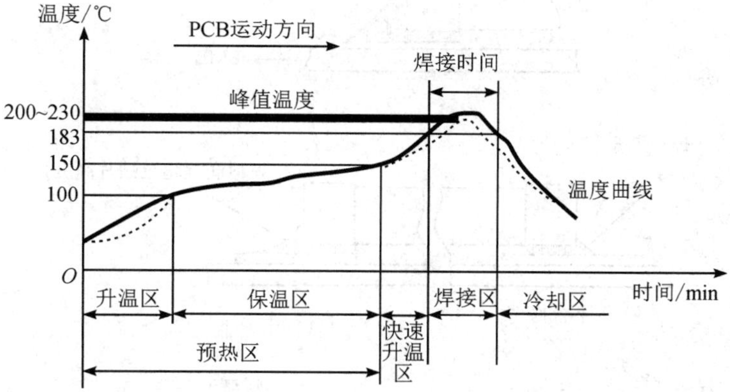

图 4-13　再流焊工艺曲线

由图 4-13 可知，当 PCB 进入升温区(干燥区)时，焊膏中的溶剂、气体蒸发，同时，焊膏中的助焊剂润湿焊盘、元器件端头和引脚，焊膏软化、塌落，覆盖了焊盘、元器件端头和引脚，使之与氧气隔离；当 PCB 进入保温区时，PCB 和元器件得到充分的预热，以防止 PCB 突然进入焊接高温区而损坏 PCB 和元器件；当 PCB 进入焊接区时，温度迅速上升使焊膏达到熔化状态，液态焊锡对 PCB 的焊盘、元器件端头和引脚润湿、扩散、漫流或回流，混合形成焊锡接点；当 PCB 进入冷却区时，焊点凝固。至此完成了再流焊。

4.3 SMT 焊接质量与缺陷

1. SMT 典型焊点

SMT 焊接质量要求与 THT 基本相同，即焊点的焊料连接面呈半弓形凹面，焊料与焊件交界处平滑，接触角尽可能小，无裂纹、针孔、夹渣，表面有光泽且平滑。

由于 SMT 元器件尺寸小、安装精确度和密度高，因此对焊接质量要求更高。图 4－14 和图 4－15 所示分别是矩形贴片和集成电路贴片不同的焊点形状。

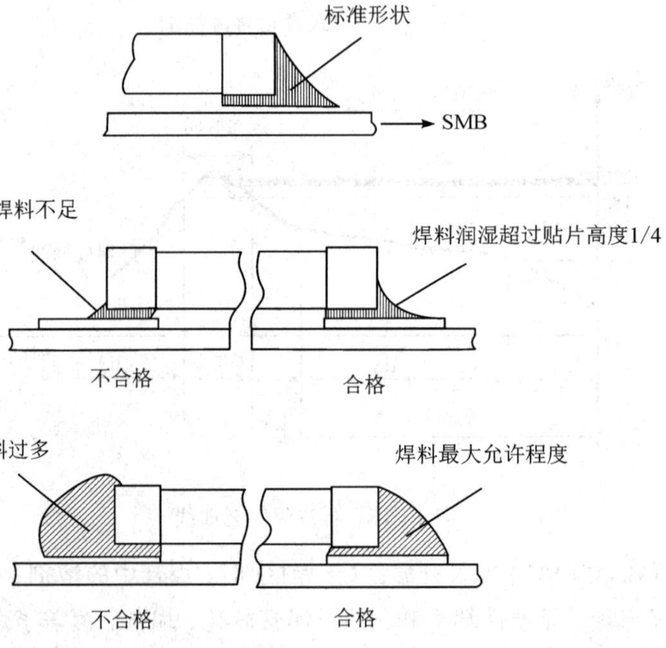

图 4－14 矩形贴片不同的焊点形状

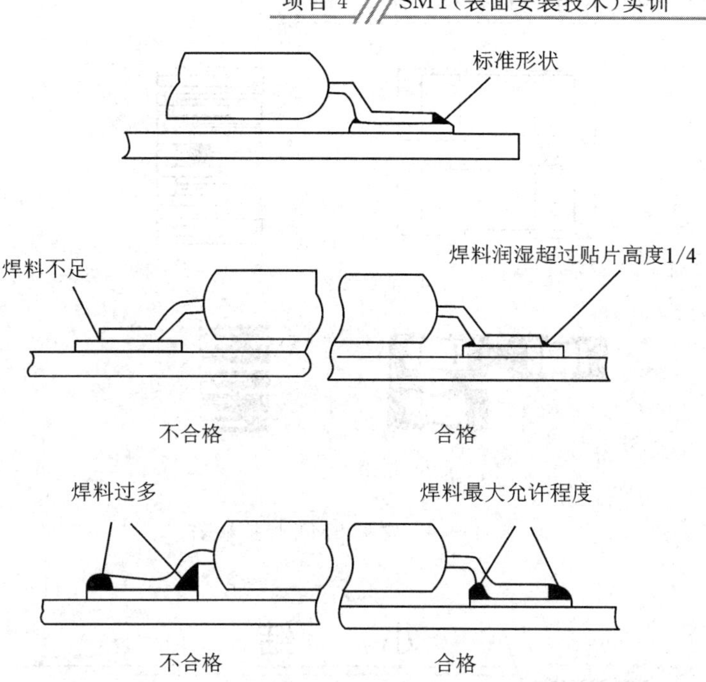

图 4 - 15　集成电路贴片不同的焊点形状

2. 常见 SMT 焊接缺陷

几种常见 SMT 焊接缺陷如图 4 - 16 所示，采用再流焊工艺时，焊盘的设计和焊膏的印制对焊接质量起关键作用。例如“立片”主要是两个焊盘上焊膏不均匀，一边焊膏偏少甚至漏印而造成的。

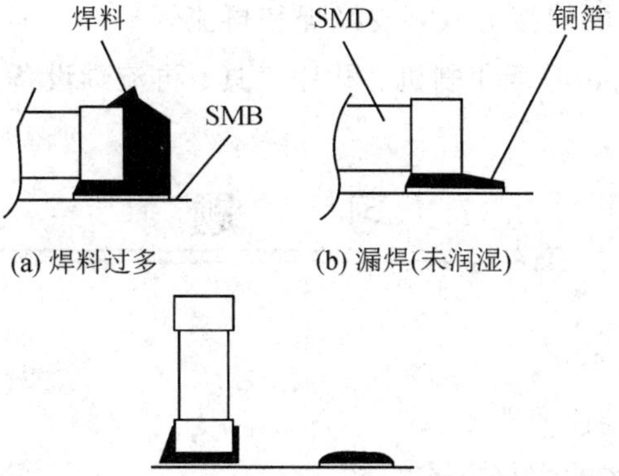

(a) 焊料过多　(b) 漏焊(未润湿)

(c) 立片(又称“墓碑现象”“曼哈顿现象”)

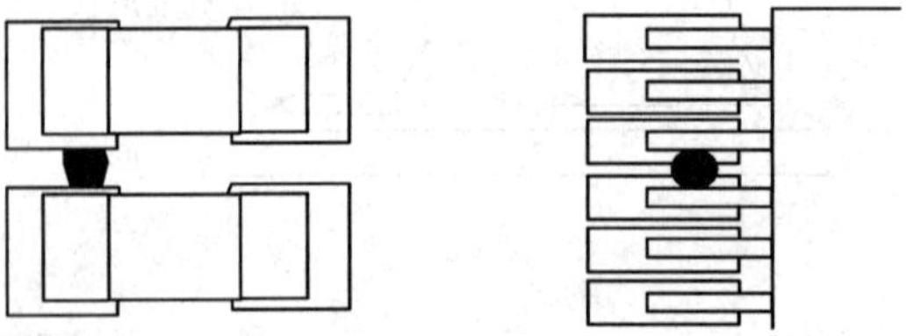

(d) 焊球现象

(e) 桥接

图 4－16　常见 SMT 焊接缺陷

小　　结

本项目主要介绍了下列概念和相关知识：

(1) 表面安装技术(Surface Mounting Technology，简称 SMT)是一种将表面贴装元器件贴焊到印制电路板表面规定位置上的电路安装技术。

(2) SMT 的主要特点：组装密度高，可靠性高，高频特性好，成本低，便于自动化生产。

(3) SMT 有两种基本的焊接方式：波峰焊和再流焊。

(4) 小型 SMT 设备有：焊膏印刷机、贴片工具、再流焊设备。

习　　题

1. 什么是表面安装技术？
2. SMT 的主要特点是什么？
3. SMT 有哪两种基本的焊接方式？
4. 小型 SMT 设备有哪些？

项目5

万用表装配与调试实训

实训目标

(1) 了解指针式万用表的原理图和接线图。

(2) 掌握电子元器件焊接安装工艺。

(3) 掌握指针式万用表的安装、调试与检修方法。

(4) 掌握用指针式万用表对交、直流电压及电阻进行测量的方法。

(5) 树立社会主义核心价值观，增强社会责任感。

5.1 MF47型万用表的基本组成及原理

万用表是一种多功能、多量程的便携式电工仪表，万用表可以测量直流电流、直流电压、交流电压、电阻等多种电量，有些万用表还可以测量电容、功率、晶体管共射极直流放大系数 h_{FE} 等。MF47型万用表具有26个基本量程和电平、电容、电感、晶体管直流参数等7个附加参考量程，是一种量程多、分挡细、灵敏度高、体形轻巧、性能稳定、过载保护可靠、读数清晰、使用方便的万用表。

1. MF47型万用表的组成及结构特征

1) MF47型万用表的组成

MF47型指针式万用表采用控制显示面板＋表头一体化结构，万用表由机械部分、显示部分与电气部分组成，机械部分包括外壳、挡位开关及电刷等，显示部分是表头，电气部分由测量线路板、电位器、电阻、二极管、电容等组成，如图5-1所示。挡位开关用来选择被测电量的种类和量程，测量线路板将不同性质和大小的被测电量转换为表头能显示的电量。

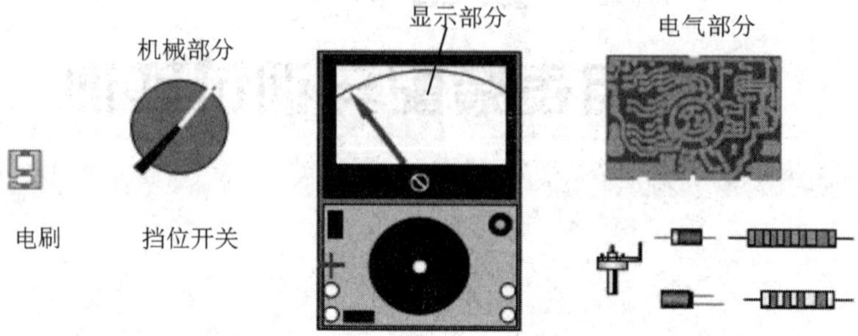

图 5-1　MF47 型指针式万用表的组成

将挡位开关置于直流电流挡，万用表可分别与 5 个接触点接通，用于测量 500 mA、50 mA、5 mA、0.5 mA、0.05 mA 量程的直流电流；将挡位开关置于欧姆挡，万用表可分别测量×1 Ω、×10 Ω、×100 Ω、×1 kΩ、×10 kΩ 量程的电阻；将挡位开关置于直流电压挡，万用表可分别测量 0.25 V、1 V、2.5 V、10 V、50 V、250 V、500 V、1000 V 量程的直流电压；将挡位开关置于交流电压挡，万用表可分别测量 10 V、50 V、250 V、500 V、1000 V 量程的交流电压。

2）MF47 型万用表的结构特征

MF47 型万用表采用高灵敏度的磁电系整流式表头，结构牢固，零部件均选用优良材料及工艺处理，具有良好的电气性能和机械强度。其特点如下：

(1) 测量机构采用高灵敏度表头，性能稳定。采用硅二极管保护，保证过载时不损坏表头。

(2) 测量电路设有 0.5 A 保险丝，以防止误用时烧坏电路。

(3) 设计上考虑了湿度和频率补偿。

(4) 低电阻挡选用 2 号干电池，容量大、寿命长。

(5) 配有晶体管静态直流放大系数检测装置。

(6) 表盘标度尺刻度线与挡位开关旋钮指示盘均为红、绿、黑三色，分别按交流红色、晶体管绿色、其余黑色对应制成。共有 7 条专用刻度线，刻度分开，便于读数；配有反光铝膜，消除了视差，提高了读数精度。

(7) 除交直流 2500 V 和直流 5 A 分别有单独的插座外，其余只需转动一个转换开关，使用方便。

2. MF47 型万用表的工作原理

1）指针式万用表的基本工作原理

指针式万用表最基本的测量原理图如图 5-2 所示。

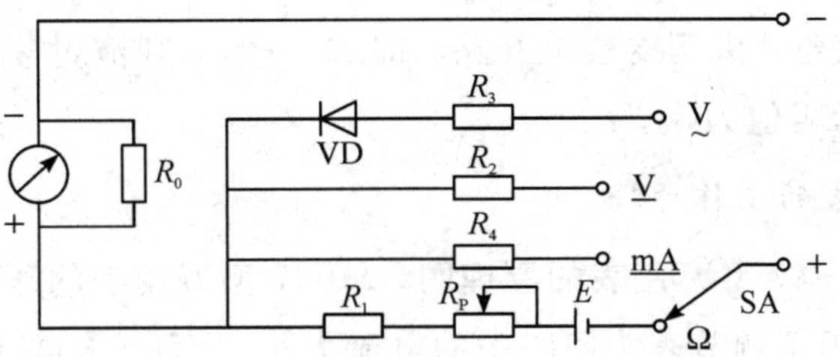

图 5-2　指针式万用表最基本的测量原理图

指针式万用表由表头、电阻测量挡、电流测量挡、直流电压测量挡和交流电压测量挡几个部分组成，图 5-2 中“—”为黑表笔插孔，“+”为红表笔插孔。

测量电压和电流时，外部有电流流入表头，因此不需接内部电池。

测量交流电压时，通过电阻 R_3 限流，二极管 VD 整流，形成直流电流流过表头，表头显示交流电压。

测量直流电压时，不需二极管 VD 整流，仅经电阻 R_2 限流，使直流电流流过表头，表头显示直流电压。

测量直流电流时，直接经过电阻 R_4 限流，使直流电流流过表头并由表头显示。

测量电阻时，外部没有电流流入，因此必须使用内部电池作为电源，设外接的被测电阻为 R_x，表内的总电阻为 R，形成的电流为 I，由 R_x、电池 E、可调电位器 R_P、固定电阻 R_1 和表头部分组成闭合电路，形成的电流 I 使表头的指针偏转。红表笔与电池的负极相连，通过电池的正极与电位器 R_P 及固定电阻 R_1 相连，经过表头接到黑表笔与被测电阻 R_x 形成回路，产生电流并由表头显示电阻值。回路中的电流为

$$I=\frac{E}{R_x+R+R_P+R_1} \tag{5-1}$$

从式(5-1)可知，I 和被测电阻 R_x 不呈线性关系，所以表盘上电阻标度尺的刻度是不均匀的。电阻越小，回路中的电流越大，指针的偏转也就越大，因此电阻挡的标度尺刻度是反向分度的。

若将万用表红、黑两支表笔直接连接，相当于外接电阻最小，$R_x=0$，则

$$I=\frac{E}{R+R_{P}+R_{1}} \tag{5-2}$$

此时通过表头的电流最大，指针偏转也最大，因此指针指向满刻度处，向右偏转最大，显示阻值为 0 Ω。如果此时显示阻值不为零，则可以通过调节电位器 R_P 使之为零，所以 R_P 又称欧姆挡调零电位器。

反之，若将万用表红、黑两支表笔开路，即 $R_x \to \infty$，则流过表头的电流为零，因此指针指向 0 刻度处，显示阻值为∞。

2）MF47 型万用表的工作原理

图 5－3 所示为 MF47 型万用表的原理图。MF47 型万用表的显示表头是一个直流微安表，WH_2 是电位器，用于调节表头回路中的电流大小，VD_3、VD_4 两个二极管反向并联并与电容 C_1 并联，用于限制表头两端的电压，起保护表头的作用，使表头不至于因电压、电流过大而烧坏。整个电路基本上是由公共表头部分、直流电流部分、直流电压部分、交流电压部分和电阻部分组成。

（1）电阻挡的工作原理。

MF47 型万用表的电阻挡分为×1 Ω、×10 Ω、×100 Ω、×1 kΩ、×10 kΩ 共 5 个量程。例如将挡位开关置于×1 Ω 挡时，外接被测电阻通过“－COM”端与公共表头部分相连；通过“＋”端经过 0.5 A 熔断器接到电池，再经过电刷旋钮与 R_{14} 相连，经电阻挡公用调零电位器 WH_1，最后与公共表头部分形成回路，使指针偏转，从而测出阻值的大小。其中有两个分流支路决定了流经表头电流的大小：其一是分流电阻 R_{18}，其二是 WH_1 的一部分与电阻 R_{21}。×10 Ω、×100 Ω、×1 kΩ 挡的工作原理同上，分流电阻分别是 R_{17}、R_{16} 和 R_{15}。用×10 kΩ 挡测量时，内部供电实际上是 1.5 V 电池与 9 V 电池的串联，没有分流电阻。

（2）交流电压挡的工作原理。

MF47 型万用表的交流电压挡分为 10 V、50 V、250 V、500 V、1000 V 和 2500 V 共 6 个量程。使用 2500 V 挡测量交流电压时，被测交流电压先经过两个 6.75 MΩ 的大电阻降压后加至“＋”端，使用其他挡位时，被测交流电压直接加至“＋”端。当测量外部交流电压时，根据所选挡位的不同，交流电压将分别经过 R_9、(R_9+R_{10})、$(R_9+R_{10}+R_{11})$、$(R_9+R_{10}+R_{11}+R_{12})$和$(R_9+R_{10}+R_{11}+R_{12}+R_{13})$限流，然后通过电刷并经 VD_1 整流、C_1 滤波，得到直流电压，并由公共表头显示电压值，VD_2 起反向保护作用。

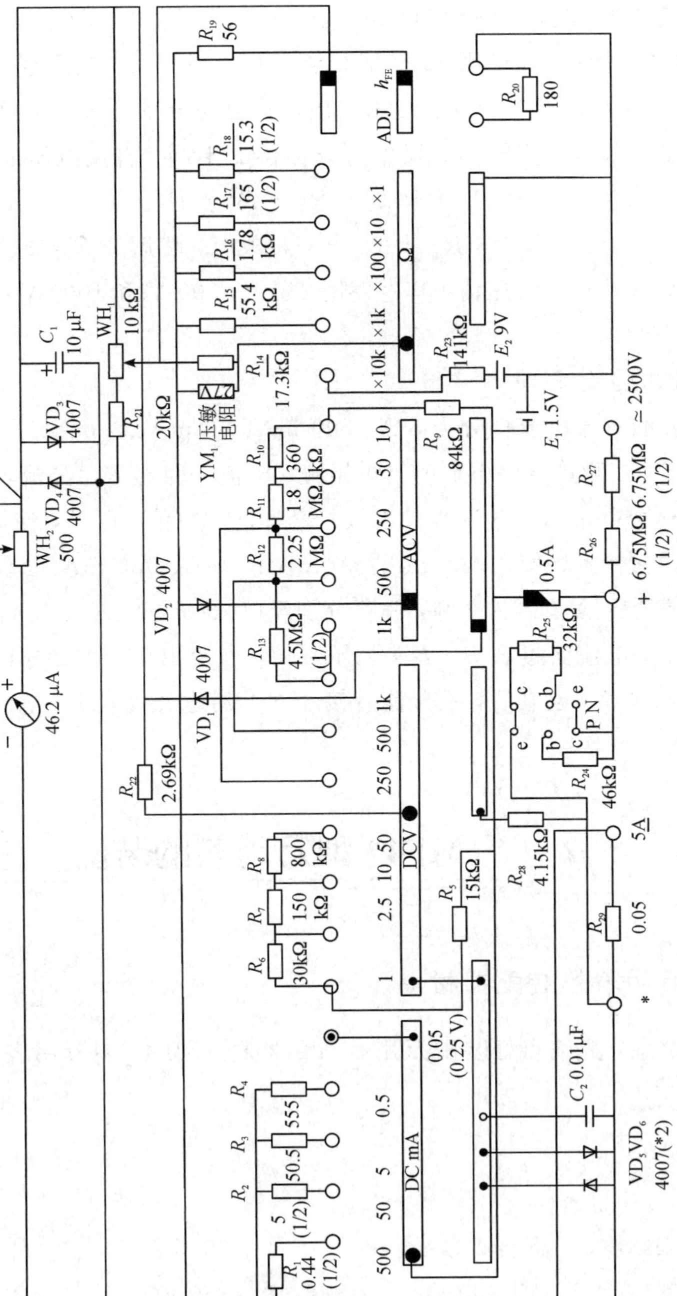

图中电阻阻值未注明单位者均为Ω；功率未注明者均为1/4W，单位均为W

图5-3 MF47型万用表的原理图

（3）直流电压挡的工作原理。

MF47 型万用表的直流电压挡分为 0.25 V、1 V、2.5 V、10 V、50 V、250 V、500 V、1000 V 和 2500 V 共 9 个量程。使用 2500 V 挡测量直流电压时，被测直流电压先经过两个 6.75 MΩ 的大电阻降压后加至“+”端，使用其他挡位测量直流电压时，被测直流电压直接加至“+”端。当测量外部直流电压时，根据所选挡位的不同，直流电压通过电刷并分别经过 0 Ω、R_5、(R_5+R_6)、$(R_5+R_6+R_7)$、$(R_5+R_6+R_7+R_8)$、$(R_9+R_{10}+R_{11})$、$(R_9+R_{10}+R_{11}+R_{12})$、$(R_9+R_{10}+R_{11}+R_{12}+R_{13})$限流，然后经 R_{22} 加至公共表头，形成电流流过表头，表头显示直流电压值。其中使用 250 V、500 V 和 1000 V 挡时，还要经过分流支路 R_{28}。

（4）直流电流挡的工作原理。

MF47 型万用表的直流电流挡分为 5 A、500 mA、50 mA、5 mA、0.5 mA、0.05 mA 共 6 个量程。使用 5A 挡测量直流电流时，外部输入电流一路经 R_{29} 分流，另一路经 R_1 后，通过电刷经 R_{22} 到达公共表头，电流流过表头，表头显示数值。可见，使用 5A 挡时，电刷必须置于 500 mA 位置上。当使用 500 mA、50 mA、5 mA、0.5 mA 几个挡位测量直流电流时，外部输入电流经保险丝到达电刷，一路分别经(R_1+R_{29})、R_2、R_3、R_4 分流，另一路经 R_{22} 到达公共表头，电流流过表头，表头显示数值。当使用 0.05 mA 挡测量直流电流时，外部输入电流通过保险丝、电刷后，不分流直接经 R_{22} 到达公共表头，电流流过表头，表头显示数值。

5.2 MF47 型万用表的装配

1. MF47 型万用表的装配器材

在装配万用表之前，先清点好装配万用表所用器材。MF47 型万用表的装配器材列举如下：

1）元器件

（1）电阻：

R_1：0.44 Ω	R_2：5 Ω	R_3：50.5 Ω	R_4：555 Ω
R_5：15 kΩ	R_6：30 kΩ	R_7：150 kΩ	R_8：800 kΩ
R_9：84 kΩ	R_{10}：360 kΩ	R_{11}：1.8 MΩ	R_{12}：2.25 MΩ

R_{13}：4.5 MΩ　R_{14}：17.3 kΩ　R_{15}：55.4 kΩ　R_{16}：1.78 kΩ

R_{17}：165 Ω　R_{18}：15.3 Ω　R_{19}：56 Ω　R_{20}：180 Ω

R_{21}：20 kΩ　R_{22}：2.69 kΩ　R_{23}：141 kΩ　R_{24}：46 kΩ

R_{25}：32 kΩ　R_{26}：6.75 MΩ　R_{27}：6.75 MΩ　R_{28}：4.15 kΩ

R_{29}：0.05 Ω(分流器)　YM_1：压敏电阻

(2) 可调电阻：WH_1(10 kΩ)、WH_2(500 Ω)。

(3) 二极管(1N4007)：VD_1、VD_2、VD_3、VD_4、VD_5、VD_6。

(4) 保险丝夹 2 只；保险丝 1 只(0.5 A)。

(5) 电容：C_1(10 μF/16 V)，C_2(0.01 μF)。

(6) 连接线 5 根：1.5 V 电池正、负极(长线)；9 V 电池正极(短线)；1.5 V 电池与 9 V 电池负极在电池夹处的连接短线；线路板上 J_1 短接线。

(7) 线路板 1 块。

2) 塑料件类

(1) 面板＋表头(一体化 I＝46.2 μA)；(2) 挡位开关旋钮；(3) 电刷旋钮；(4) 电池盖板；(5) 后盖(含提把、提把铆钉)；(6) 电位器旋钮；(7) 晶体管插座。

3) 零配件类

(1) 螺钉 M3×6 两只用于后盖固定；(2) 电池夹 4 个(小夹为 1.5V＋)；(3) V 形电刷 1 只；(4) 晶体管插片 6 只；(5) 输入插管 4 只；(6) 红、黑表笔各 1 支。

2. MF47 型万用表的装配步骤

(1) 清点器材。按以上器材清单一一记清每个元器件的名称与外形。将所有元器件都装在一个塑料袋内，打开时要小心，不要将塑料袋撕破，以免器材丢失。清点器材时可以将表箱后盖当容器，将所有的器材都放在里面，清点完后将器材放回塑料袋备用。

(2) 依次识别二极管、电容、电位器和电阻等元器件的型号和标称值，各元器件的识别方法在前文中已介绍，这里不再赘述。

(3) 焊接元器件。

① 焊接前的准备工作。首先清除元器件表面的氧化层。经过长期存放的元器件，会在表面形成氧化层，这不但使元器件难以焊接，而且影响焊接质量，因此当元器件表面存在氧化层时，应首先清除元件表面的氧化层(可用砂纸刮除)。注意用力不能过猛，以免使元器件引脚受伤或折断。然后将元器件引脚弯制成形。左手用镊子紧靠元器件的本体，夹紧

元器件的引脚，使引脚的弯折处距离元器件的本体有 2 mm 以上的间隙，右手食指将引脚弯成直角。根据焊接的需要可以弯制成其他形状，元器件弯制后的典型形状如图 5－4 所示。最后按规格型号的标注方法进行标注：把元器件插入一张白纸，用透明胶带轻轻贴牢在纸上，写上元器件规格型号及电路图上对应的位号备用(注意：不要把元器件引脚剪太短)。

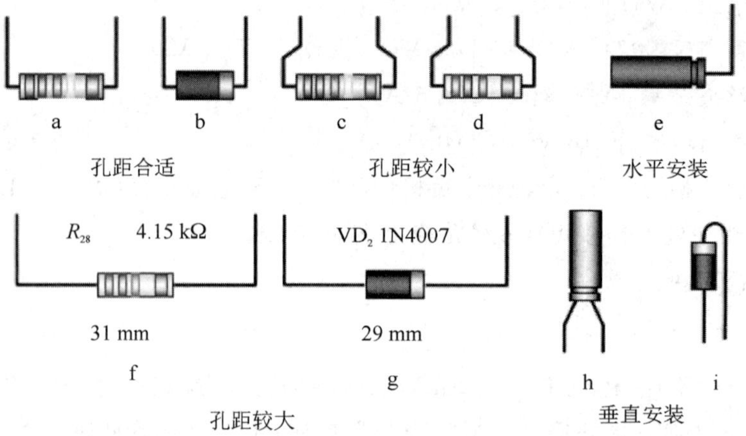

图 5－4 元器件弯制后的典型形状

② 将弯制成形的元器件对照图纸位号插放到线路板上。注意：一定不能插错位置；二极管、电解电容要注意极性；插放电阻时，要求读数方向排列整齐，横排的必须从左向右读，竖排的从下向上读，保证读数一致。

③ 开始焊接。检查每个元器件插放是否正确、整齐，二极管、电解电容极性是否正确，电阻读数的方向是否一致，全部合格后方可进行元器件的焊接。要求焊接完成后的元器件排列整齐，高度一致。应先焊水平放置的元器件，后焊垂直放置的或体积较大的元器件(如分流器、可调电阻等)。

焊接时要注意电刷轨道上一定不能粘锡，否则会严重影响电刷的运转。为了防止电刷轨道粘锡，切忌用烙铁运载焊锡。由于焊接过程中有时会产生气泡，使焊锡飞溅到电刷轨道上，实际操作中可以用一张圆形厚纸覆盖在线路板的电刷轨道上，以起到保护作用。如果电刷轨道上粘了锡，应将其绿色面朝下，用没有焊锡的烙铁将锡尽量刮除。但由于线路板上的金属与焊锡的亲和性强，一般不能刮尽，只能用小刀稍微修平整。

每一个焊点加热的时间不能过长，否则会使焊盘脱开或脱离线路板。对焊点进行修整时，要让焊点有一定的冷却时间，否则不但会使焊盘脱开或脱离线路板，而且会使元器件因温度过高而损坏。

3. 部分元件的安装工艺

(1) 电位器的安装。电位器的两个粗的引脚主要用于固定电位器。安装时应捏住电位器的外壳，平稳地插入线路板，不应使某一个引脚受力过大，以免损坏电位器。注意电位器要装在线路板的绿色敷铜面，不能装在黄色面。

(2) 分流器的安装。安装分流器时要注意方向，不能让分流器影响线路板及其余电阻的安装。分流器的安装示意图如图 5－5 所示。

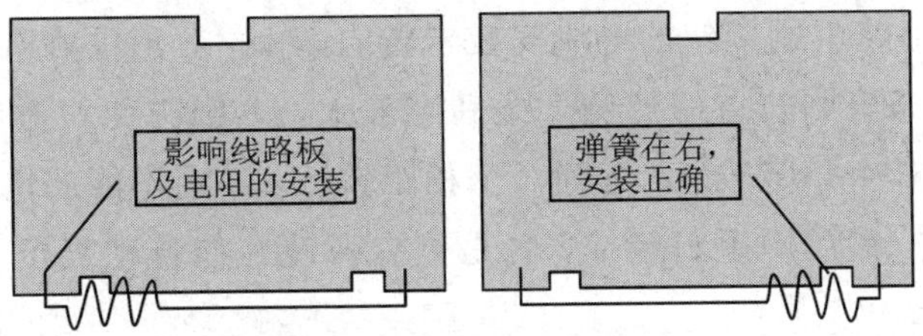

图 5－5 分流器的安装示意图

(3) 输入插管的安装。输入插管装在线路板的绿色敷铜面，是用来插表棒的，因此一定要焊接牢固。将其插入线路板中，用尖嘴钳在线路板的黄色面轻轻捏紧，将其固定并注意保持垂直，然后将两个固定点焊接牢固。

(4) 晶体管插座的安装。晶体管插座装在线路板的绿色敷铜面，用于判断晶体管的极性。在绿色敷铜面的左上角有 6 个椭圆的焊盘，中间有两个小孔，用于定位晶体管插座。安装前先将晶体管插座放入小孔中检查是否合适，如果小孔直径小于定位突起物，则用锥子稍微将孔扩大，使定位突起物能够插入。将晶体管插片插入晶体管插座中，检查是否松动，如有松动，则将其拨出并将其弯成接近 S 的形状，插入晶体管插座中，然后将其伸出部分折平。

(5) 电池极板的安装。焊接前先检查电池极板的松紧，如果太紧则将其进行调整。调整的方法是：用尖嘴钳将电池极板侧面的突起物稍微夹平，使它能顺利地插入电池极板插座且不松动。焊接时应将电池极板拨起，否则高温会把电池极板插座的塑料烫坏。为了便于焊接，应先用尖嘴钳的齿口将其焊接部位锉毛，去除氧化层，再用加热的烙铁蘸一些松香放在焊接点上，然后加焊锡进行搪锡。电池极板的安装位置示意图如图 5－6 所示。错误的安装位置可能导致电路无法接通。

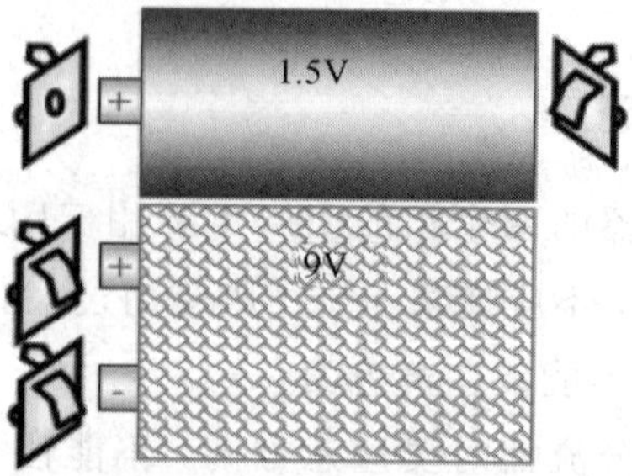

图 5-6 电池极板的安装位置示意图

（6）电刷的安装。将电刷旋钮的电刷安装卡转向朝上，V 形电刷有一个缺口，应该放在左下角，线路板的 3 条电刷轨道的外侧 2 条间隙较大，电刷与此相对应，当缺口在左下角时，电刷接触点上面 2 个相距较远，下面 2 个相距较近，一定不能放错。安装时电刷四周都要卡入电刷安装槽内，然后用手轻轻按，看是否有弹性并能自动复位。电刷的安装位置示意图如图 5-7 所示。

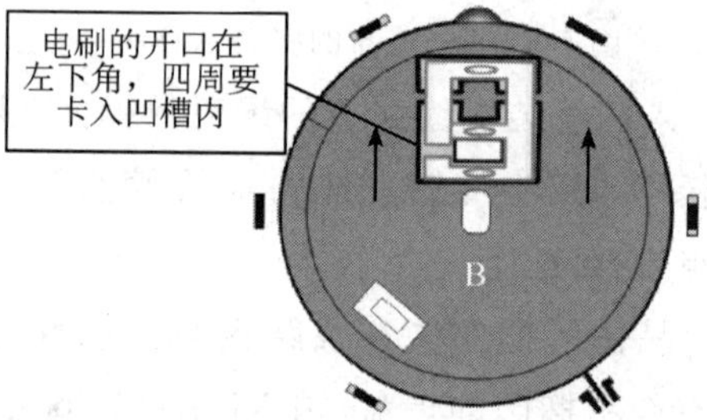

图 5-7 电刷的安装位置示意图

（7）线路板的安装。电刷安装正确后方可安装线路板。安装线路板前先检查线路板焊点的质量及高度，特别是在外侧两圈轨道中的焊点，如图 5-8 所示，由于电刷要从中通过，安装前一定要检查焊点高度，不能超过 2 mm，直径不能太大，如果焊点太高，则会影响电

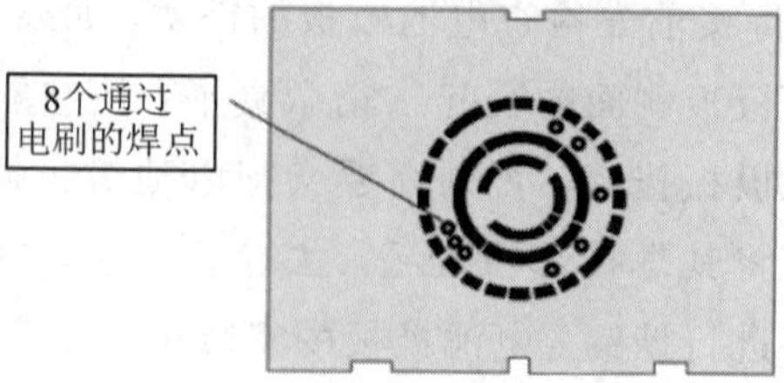

图 5-8 8 个通过电刷的焊点

刷的正常转动甚至刮断电刷。线路板用 3 个固定卡固定在面板背面，将线路板水平放在固定卡上，依次卡入即可。如果要拆下重装，则依次轻轻扳动固定卡。注意：在安装线路板前先将表头连接线焊上。

MF47 万用表线路板整体装配后的效果图如图 5－9 所示。

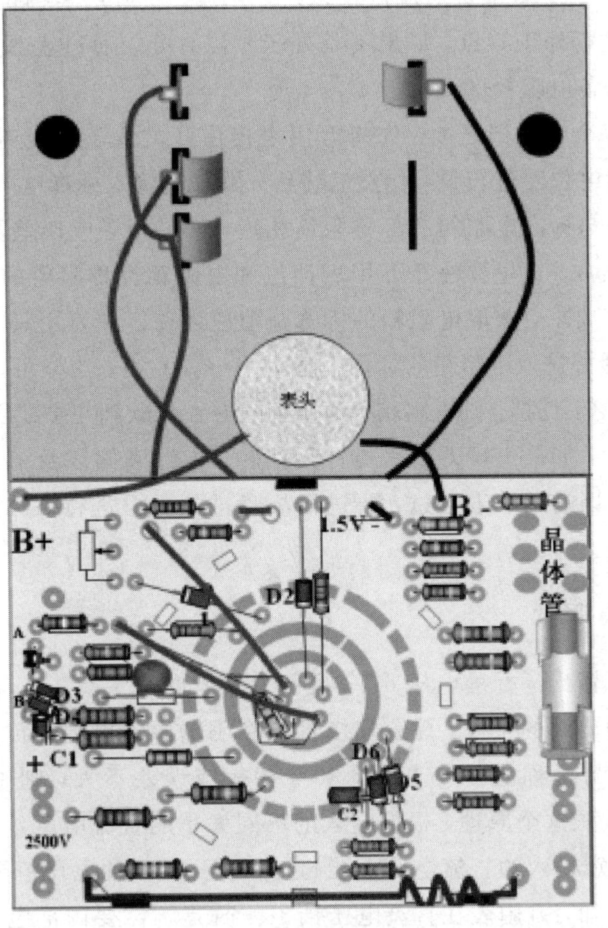

图 5－9　MF47 型万用表线路板装配后的效果图

5.3　MF47 型万用表的调试

MF47 型万用表的装配完成以后，下一步工作就是进行调试。在调试之前首先需要准备一节 2 号 1.5 V 的电池和一节 9 V 电池。需要准备的仪器有：交直流稳压电源和标准电阻箱。

1. 电阻挡调试

将 1.5 V 电池和 9 V 电池按对应位置装入万用表。将万用表挡位开关置于欧姆挡，首先观察万用表指针是否处于零点，如果不是处于零点，可以通过表头中间的机械调零来调整。然后进行万用表各电阻挡的调试。

在调试万用表每个电阻挡之前，先将万用表挡位开关置于相应电阻挡位，再将红、黑表笔短接，调节调零电位器进行调零。然后将红、黑表笔接入标准电阻箱，读取万用表上的电阻数值，看其是否与标准电阻箱的标称阻值相近，如果相等或误差不大(±1%左右)，则说明该电阻挡工作正常。这里要注意万用表挡位和电阻箱标称阻值的对应选择关系，为了方便读数和满足精度要求，选取电阻箱的标称阻值应以便于在万用表上读数为原则，例如：调试×1 kΩ 挡时，最好选取电阻箱的标称阻值为 10 kΩ 左右，这样可以使读数更准确一点；又如，如果调试的是×1 Ω 挡，则电阻箱标称阻值最好在几欧到几十欧之间，以此类推。

在调试电阻挡时，如果出现万用表指针无偏转、指针满偏以及指针偏转数值不正确等现象，则说明该电阻挡的调试未通过，要进行故障排除后再进行后续调试，具体的故障分析在后文中详细介绍。

2. 直流电压挡调试

用直流稳压电源输出一标准电压 6 V，将万用表挡位开关置于直流电压 10 V 挡，红表笔接直流稳压电源输出端的正极，黑表笔接直流稳压电源输出端的负极，读取万用表表盘上的读数，看其是否与标称值 6 V 相等，如果相等或误差不大，则说明万用表直流电压 10 V 挡工作正常。按照这个原理，根据输入的不同大小的直流电压，分别调试万用表其他直流电压挡，但要注意输入的直流电压不能超过所调试挡位的电压范围。

根据电路原理可知，万用表在直流电压挡工作时是不需要内部电池供电的，所以一种简单的调试方法是将 1.5 V 电池取下，可用于调试直流电压 2.5 V 或 10 V 挡。

在调试万用表直流电压挡时，如果出现万用表指针无偏转或读数误差过大等现象，则说明相应直流电压挡调试未通过，要进行故障检修与排除后再进行后续调试。

3. 交流电压挡调试

用交流稳压电源输出一标准交流电压 36 V，将万用表挡位开关置于交流电压 50 V 挡。

此时，由于交流电压无正负极之分，所以电源输出端可随意接入，读取万用表表盘上的读数，看其是否与标称值交流 36 V 相等，如果相等或误差不大，则说明万用表交流电压 50 V 挡工作正常。按照这个原理，根据输入的不同大小的交流电压，分别调试万用表其他交流电压挡，但要注意输入的交流电压不能超过所调试挡位的电压范围。

由于实验台所提供的市电为交流 220 V 左右，所以一种简单的调试方法是利用市电进行交流电压挡的调试，此时要注意将万用表的挡位开关置于交流电压 250 V 挡，以免挡位过小损坏万用表。另外，由于电压较高，操作时要注意人身安全，防止触电。

在调试万用表交流电压挡时，如果出现万用表指针无偏转或读数误差过大等现象，则说明相应交流电压挡调试未通过，要进行故障检修与排除后再进行后续调试。

4. 直流电流挡调试

在调试万用表直流电流挡时要注意，用万用表测量电流时，万用表是串在电路之中的。调试时可以使用专门的恒流源，这里因为经过以上几个步骤的调试，万用表基本上已经没有问题了，所以为简单起见，可以用现有的 1.5 V 电池进行粗略的调试。将万用表红表笔插入 5 A 挡插孔，根据电路原理，此时应将挡位开关置于直流 500 mA 挡，然后将红表笔接电池正极，黑表笔接电池负极，测得电流值为 1～2 A，基本说明 5 A 挡工作正常了。其余电流挡位最好用恒流源来进行调试，这里不再叙述。

在调试万用表直流电流挡时，如果出现万用表指针无偏转或读数误差过大等现象，则说明相应直流电流挡调试未通过，要进行故障的检修与排除。

5.4 MF47 型万用表的故障检修

万用表在调试过程中有可能出现各种故障。根据电路原理快速准确地排除故障是电工必备技能之一，下面列举 MF47 型万用表几种常见的故障及检修方法。

故障 1：调试万用表电阻挡时，红、黑表笔短接，指针无偏转。

调试万用表电阻挡时，在红、黑表笔短接的情况下，万用表电路有以下通路：

万用表红表笔插座→0.5A 保险丝→电池负极→电池正极→电刷→R_{14}→WH_1→WH_2→表头“+”极 →表头“−”极→万用笔黑表笔插座

在以上通路中，如果有哪一点不通，就可能出现故障。一般情况下，多数故障是 0.5 A 保险丝断了、WH_1 调零电位器开路或损坏，所以应重点检查这两个元件。如果这两个元件没有问题，则应检查该通路中其他元件有无虚焊或开路的情况存在。

故障 2：调试万用表电阻挡时，测量电阻时某一电阻挡位满偏。

调试万用表电阻挡时，在测量电阻时，万用表内部电路除了存在如上所述通路，每一电阻挡位的通路中还存在一条分流支路，即由 R_{15}、R_{16}、R_{17} 和 R_{18} 所组成的×1 kΩ、×100 Ω、×10 Ω 和×1 Ω 挡的分流支路，如果具体某一电阻挡位满偏，则应检查相应的分流支路是否虚焊开路。若某一电阻挡位的分流支路开路，则电流未经分流流过表头，导致流过表头的电流过大，从而产生满偏的现象。

故障 3：调试万用表电阻挡时，红、黑表笔短接，指针满偏且不能调零。

在万用表测量电阻时，选择某一电阻挡位后，应将红、黑表笔短接进行调零。这时万用表内部电路中存在如故障 1 所述的通路，另外还存在一条公共分流支路，是由 R_{21} 和 WH_1 的一部分所组成的分流支路，这一支路是电阻挡的公共分流支路。如果这条分流支路不通，没有分流功能，则流过表头的电流过大，会产生满偏且不能调零现象。这时应重点检查电位器 WH_1 的引脚是否虚焊或 WH_1 开路损坏。

故障 4：调试万用表电阻挡时，某一电阻挡测量值不准确，其余电阻挡正常。

在调试万用表电阻挡时，若某一电阻挡测量电阻值不准确，误差较大，其余电阻挡正常，则说明电阻挡的公共通路部分没有问题，故障可能在该电阻挡的单独分流支路。例如：用×1 kΩ 挡测量 10 kΩ 电阻时，万用表显示的值偏大，则根据电路原理可以判断，×1 kΩ 挡的分流电阻 R_{15} 可能焊错(电阻值小于 55.4 kΩ)，导致该支路分流过大，致使流过表头的电流偏小，指针偏转量偏小，因而读数偏大。

故障 5：万用表电阻挡正常，调试直流电压挡时，对每个直流挡，指针均无反应。

万用表电阻挡正常，说明表头公共部分电路没有问题。而测试每个直流电压挡时指针均无反应，则应重点检查直流电压挡的公共电路部分，首先排除电刷接触不良的可能性，然后检查电阻 R_{22} 是否漏焊、虚焊等，也有可能是电路板上的 J_1 短接线未正确连接。

故障 6：调试万用表交流电压挡时，指针反偏。

根据电路原理，测试交流电压时，交流电压要经 VD_1 整流后变成直流电压，再加至表头。如果 VD_1 接反，则经整流后的直流电压为负电压，它所形成的电流流过表头将使指针反偏。所以当出现这种故障现象时，应重点检查整流二极管 VD_1 是否焊反。

故障 7：调试万用表直流电流挡时，5 A 挡正常，其余电流挡无反应。

调试万用表直流电流挡时，5 A 挡正常，其余挡无反应。这种情况下，首先要分析 5 A 挡与其他直流电流挡有什么区别。分析电路可知，5 A 挡电流是不经过保险丝的，而其他电流挡电流要经过保险丝，除了这个区别，其他部分是它们的公共通路。所以这时应重点检查保险丝是否已损坏。

故障 8：调试万用表直流电流挡时，测试 5 A 和 500 mA 挡时指针满偏，其余电流挡正常。

分析电路可以发现，5 A 和 500 mA 两个电流挡的分流支路与其余电流挡的分流支路是不一样的，5 A 挡的分流支路是 R_{29} 分流器，500 mA 挡的分流支路是 R_{29} 和 R_1 的串联，其余电流挡的分流支路分别是 R_2、R_3 和 R_4。所以出现此故障现象一般是由于 5 A 和 500 mA 两个挡的分流支路的公共部分(即 R_{29} 分流器)可能虚焊开路了，导致这两个电流挡不能分流，因而流过表头电流过大，出现满偏现象。

5.5 MF47 型万用表的使用

1. MF47 型万用表面板的结构

1) 表头

MF47 型万用表表头的准确度等级为 1 级(即表头自身的灵敏度误差为±1%)，水平放置，为整流式仪表，绝缘强度试验电压为 5000 V。表头中间下方的小旋钮为机械零位调节旋钮。表头共有 7 条刻度线，从上向下分别为电阻(黑色)、直流毫安(黑色)、交流电压(红色)、晶体管共射极直流放大系数 h_{FE}(绿色)、电容(红色)、电感(红色)、分贝(红色)等。

2) 挡位开关

MF47 型万用表挡位开关共有 5 挡，分别为交流电压挡、直流电压挡、直流电流挡、电阻挡及晶体管挡，共 24 个量程。

3) 插孔

MF47 型万用表共有 4 个插孔，左下角红色“+”为红表笔正极插孔；黑色“−”为公共黑表笔插孔；右下角“2500 V”为交直流 2500 V 插孔；“5 A”为直流 5 A 插孔。

4) 机械调零

MF47 型万用表机械调零的方法是：旋动万用表面板上的机械零位调整螺钉，使指针对准刻度盘左端的“0”位置。

2. 读数

读数时目光应与万用表表面垂直，使表指针与反光铝膜中的指针重合，以确保读数的精度。检测时先选用较高的量程，根据实际情况调整量程，最后使读数在满刻度的 2/3 附近。

3. 测量直流电压

测量直流电压时，将万用表两支表笔插好，红表笔插入“+”插孔，黑表笔插入“-”插孔，把挡位开关置于直流电压挡，并选择合适的量程。当被测电压数值范围不确定时，应先选用较高的量程，把万用表两支表笔并接到被测电路上，红表笔接直流电压正极，黑表笔接直流电压负极，不能接反。

4. 测量交流电压

测量交流电压时，将万用表挡位开关置于交流电压挡，不分正负极，与测量直流电压相似，然后进行读数，其读数为交流电压的有效值。

5. 测量直流电流

测量直流电流时，将万用表红表笔插入“+”插孔，黑表笔插入“-”插孔，把挡位开关置于直流电流挡，并选择合适的量程。当被测电流数值范围不确定时，应先选用较高的量程。把被测电路断开，将万用表两支表笔串接到被测电路上，注意直流电流从红表笔流入，从黑表笔流出，不能接反。

6. 测量电阻

测量电阻时，将万用表挡位开关置于电阻挡，并选择量程。将万用表两支表笔短接，旋动电阻调零电位器旋钮进行电阻挡调零，使万用表指针指向电阻刻度右边的“0” Ω 处，将被测电阻脱离电源，用两支表笔接触电阻两端，表头指针显示的读数乘以所选量程即为电阻的阻值。例如，选用×10 挡测量电阻，若指针指示 50，则被测电阻的阻值为 50 Ω×10＝500 Ω。如果示值过大或过小，则要重新调整挡位，以保证读数的精度。

7. 使用万用表的注意事项

（1）测量时不能用手触摸表笔的金属部分，以保证安全和测量的准确性。

（2）测量直流量时注意被测量的极性，避免指针反偏，打坏表头。

（3）不能带电调整挡位或量程，以避免电刷的触点在切换过程中产生电弧而烧坏线路板或电刷。

(4) 测量完毕后应将挡位开关置于交流电压最高挡或空挡。

(5) 不允许测量带电的电阻，否则会烧坏万用表。

(6) 万用表内电池的正极与面板上的“－”插孔相连，负极与面板上的“＋”插孔相连，如果不用时误将两支表笔短接，则会使电池很快放电并流出电解液，从而腐蚀万用表，因此不用时应将电池取出。

(7) 在测量电解电容和晶体管等器件时要注意极性。

(8) 电阻挡每次换挡都要进行调零。

(9) 不允许用万用表电阻挡直接测量高灵敏度的表头内阻，以免烧坏表头。

(10) 一定不能用电阻挡测电压，否则会烧坏熔断器或损坏万用表。

小　结

本项目主要介绍了下列概念和相关知识：

(1) 万用表是一种多功能、多量程的便携式电工仪表，一般的万用表可以测量直流电流、直流电压、交流电压、电阻，有些万用表还可测量电容、电感、功率、晶体管共射极直流放大系数 h_{FE} 等。

(2) MF47 型万用表是一种量程多、分挡细、灵敏度高、体形轻巧、性能稳定、过载保护可靠、读数清晰、使用方便的万用表。

(3) MF47 型万用表主要由表头、挡位转换开关、测量线路板、面板等组成。

(4) MF47 型万用表安装步骤是：清点材料；认识二极管、电容、电阻；焊接前的准备工作；元器件的焊接与安装；机械部件的安装与调整。

习　题

1. MF47 型万用表电阻挡的工作原理是什么？
2. 如何用 MF47 型万用表测电压和电流？
3. MF47 型万用表装配的基本步骤有哪些？
4. 简述 MF47 型万用表的调试步骤。
5. MF47 型万用表的常见故障有哪些？如何检修？

项目 6
收音机装配与调试实训

实训目标

(1) 通过对收音机的安装、焊接及调试，了解电子产品的生产制作过程。

(2) 掌握电子元器件的识别及质量检验方法。

(3) 学会利用工艺文件独立进行整机的装焊和调试，并达到产品质量要求。

(4) 学会编制简单电子产品的工艺文件，培养职业技能。

(5) 把小我融入大我、融入中华民族伟大复兴，涵养奉献家国、服务人民的情怀，成为德技并修、堪当民族复兴重任的时代新人。

6.1 HX108-2 型收音机的基本原理

HX108-2 型 7 管半导体收音机的主要性能指标如下：

(1) 频率范围：525～1605 kHz；

(2) 输出功率：最大 100 mW；

(3) 8 Ω 扬声器；

(4) 电源：3 V(5 号电池 2 节)；

(5) 体积：122 mm×66 mm×26 mm。

HX108-2 型收音机电原理图如图 6－1 所示。由图可见，HX108-2 型收音机有 7 只三极管，因此称为 7 管收音机。其中，三极管 VT_1 为变频管，VT_2、VT_3 为中放管，VT_4 为检波管，VT_5 为低频前置放大管，VT_6、VT_7 为低频功放管。

HX108-2 型收音机的基本原理如下：

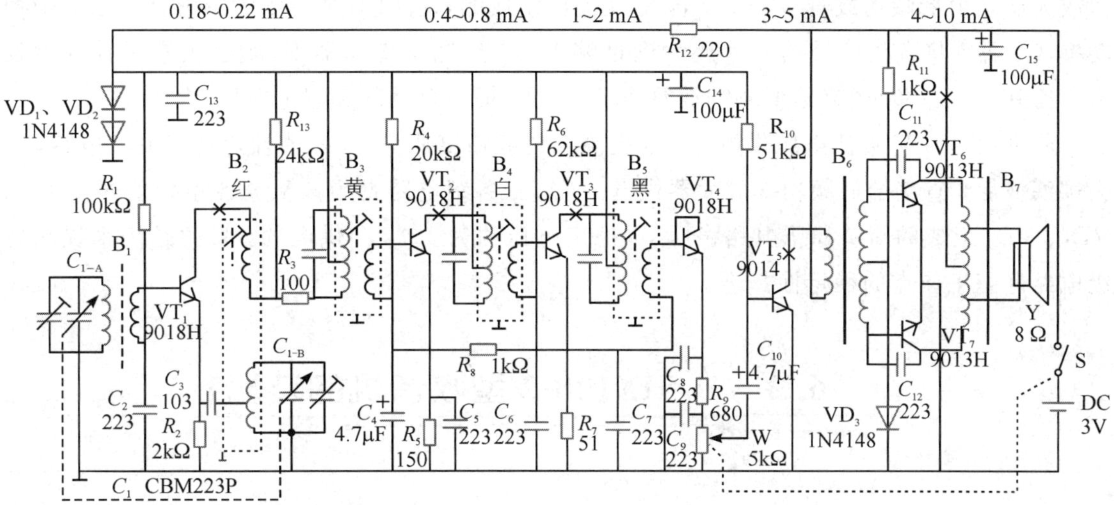

图中电阻阻值未标单位者均为Ω

图 6－1 HX108-2 型收音机电原理图

天线输入调谐回路选出所需的电台信号，经过变压器 B_1 耦合到变频管 VT_1 的基极；与此同时，由变频管 VT_1、振荡线圈 B_2、双联同轴可变电容 C_{1-B} 等元器件组成共基调射型变压器反馈式本机振荡器，其本振信号经电容 C_3 注入到变频管 VT_1 的发射极。电台信号与本振信号在变频管 VT_1 中混频后，VT_1 的集电极电流中将含有一系列的组合频率分量，其中也包含本振信号与电台信号的差频(465 kHz)分量，经过中周 B_3(内含谐振电容)，选出所需的中频(465 kHz)分量，并耦合到中放管 VT_2 的基极。图 6－1 中电阻 R_3 是用来进一步提高抗干扰性能的，电阻 R_{13} 用于限制混频后中频信号振幅。

中放是由中放管 VT_2、VT_3 等元器件组成的两级小信号谐振放大器。通过两级中放将混频后所获得的中频信号放大后，送入下一级的检波器。检波器是由三极管 VT_4(相当于二极管)等元器件组成的大信号包络检波器。检波器将已经放大的中频调幅信号还原为所需的音频信号，经耦合电容 C_{10} 送入后级低频放大器中进行放大。在检波过程中，除产生了所需的音频信号之外，还产生了反映输入信号强弱的直流分量，由电容 C_7 两端取出后，经 R_8、C_4 组成的低通滤波器滤波后，作为 AGC 电压($-U_{AGC}$)加到中放管 VT_2 的基极，实现反向 AGC。即当输入信号增强时，AGC 电压降低，中放管 VT_2 的基极偏置电压降低，工作电流 I_E 将减小，中放增益随之降低，从而使得检波器输出的电平能够维持在一定的范围。

低放部分由前置放大器和低频功率放大器组成。由 VT_5 组成的变压器耦合式前置放大器将检波器输出的音频信号放大后，经输入变压器 B_6 送入功率放大器中进行功率放大。功率放大器是由低频功放管 VT_6、VT_7 等元器件组成的，它们构成了变压器耦合式乙类推挽功率放大器，将音频信号的功率放大到足够大后，经输出变压器 B_7 耦合去推动扬声器发声，其中 R_{11}、VD_3 用来给低频功放管 VT_6、VT_7 提供合适的偏置电压，消除交越失真。

收音机由 3 V 直流电压供电。为了提高功放的输出功率，3 V 直流电压经滤波电容 C_{15} 去耦滤波后，直接给低频功率放大器供电。而前面各级电路是用 3 V 直流电压经过由 R_{12}、VD_1、VD_2 组成的简单稳压电路稳压后（稳定电压约为 1.3 V）供电的，目的是用来提高各级电路静态工作点的稳定性。

6.2 HX108-2 型收音机的装配

1. 元器件及零配件准备

（1）根据元器件及零配件清单（见表 6－1）清点所有元器件。

表 6－1 元器件及零配件清单

元器件				零配件		
位号	名称规格	位号	名称规格	序号	名称规格	数量
R_1	电阻 100 kΩ	C_{11}	元片电容 0.022 μF	1	前框	1
R_2	电阻 2 kΩ	C_{12}	元片电容 0.022 μF	2	后盖	1
R_3	电阻 100 Ω	C_{13}	元片电容 0.022 μF	3	周率板	1
R_4	电阻 20 kΩ	C_{14}	电解电容 100 μF	4	调谐盘	1
R_5	电阻 150 Ω	C_{15}	电解电容 100 μF	5	电位盘	1
R_6	电阻 62 kΩ	B_1	天线线圈＋磁棒	6	磁棒支架	1
R_7	电阻 51 Ω	B_2	振荡线圈（红）	7	印制板	1
R_8	电阻 1 kΩ	B_3	中周（黄）	8	正极片	2
R_9	电阻 680 Ω	B_4	中周（白）	9	负极簧	2
R_{10}	电阻 51 kΩ	B_5	中周（黑）	10	拎带	1
R_{11}	电阻 1 kΩ	B_6	输入变压器（蓝绿）	11	沉头螺钉	—
R_{12}	电阻 220 Ω	B_7	输入变压器（黄）		M2.5×5	3

续表

元器件				零配件		
位号	名称规格	位号	名称规格	序号	名称规格	数量
R_{13}	电阻 24 kΩ	VD_1	二极管 1N4148	12	自攻螺钉	—
W	电位器 5 kΩ	VD_2	二极管 1N4148		M2.5×5	1
C_1	双联 CBM223P	VD_3	二极管 1N4148	13	电位器螺钉	—
C_2	元片电容 0.022 μF	VT_1	三极管 9018H		M1.7×4	1
C_3	元片电容 0.01 μF	VT_2	三极管 9018H	14	正极导线	—
C_4	电解电容 4.7 μF	VT_3	三极管 9018H		9 cm	1
C_5	元片电容 0.022 μF	VT_4	三极管 9018H	15	负极导线	—
C_6	元片电容 0.022 μF	VT_5	三极管 9014C		10 cm	1
C_7	元片电容 0.022 μF	VT_6	三极管 9013H	16	扬声器导线	—
C_8	元片电容 0.022 μF	VT_7	三极管 9013H		10 cm	2
C_9	元片电容 0.022 μF	Y	扬声器 0.5W 8 Ω	—	—	—
C_{10}	电解电容 4.7 μF	—	—	—	—	—

(2) 用万用表测量元器件，各元器件的测量内容见表 6-2。

表 6-2 元器件的测量内容

元件名称	测量内容
电阻	用万用表×10、×100、×1 kΩ 挡测量电阻值
电容	用万用表×10 kΩ 挡测量电容的绝缘电阻
二极管	用万用表×1 kΩ 挡测量二极管正反向电阻
三极管	用万用表 h_{FE} 挡测量晶体管放大倍数 9018H(97-146)、9014C(200-600)、9013H(144-202)

续表

元件名称	测 量 内 容
中 周	用万用表×1 Ω 挡测量初、次级绕组电阻 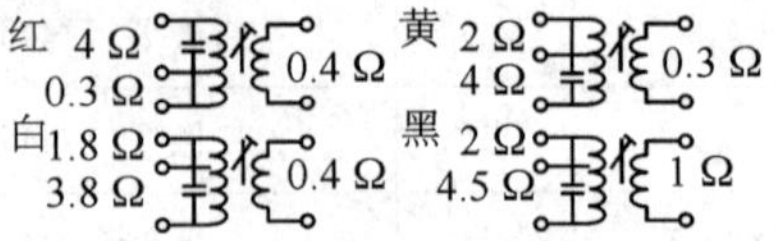 初、次级为无穷大
输入变压器	用万用表×1 Ω 挡测量初、次级绕组电阻 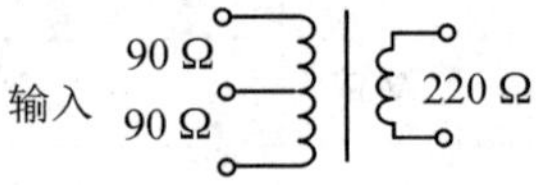
输出变压器	用万用表×1 挡测量初、次级绕组电阻 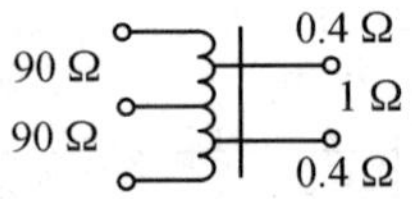 自耦变压器无初、次级

（3）将所有元器件上的漆膜、氧化膜清除干净，然后进行搪锡（如元器件引脚未氧化则省略此项），最后根据图 6-2 所示将电阻、二极管进行弯脚。

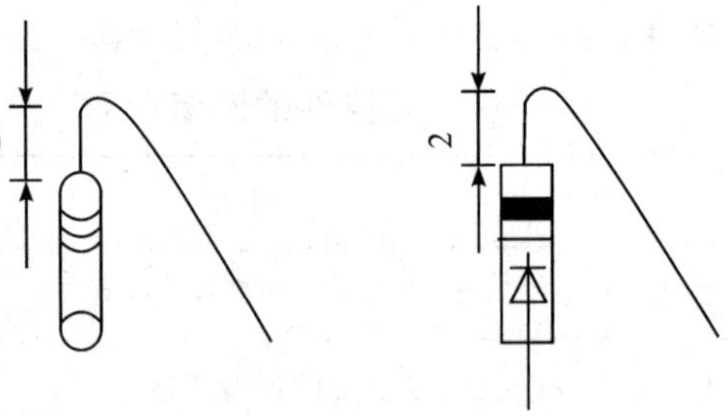

图 6-2　电阻、二极管的弯脚方式

2．元器件的装配与分步调试

1）元器件焊接总体要求

（1）按照装配图 6-3 正确插入元器件，其高低、极向应符合图纸规定。

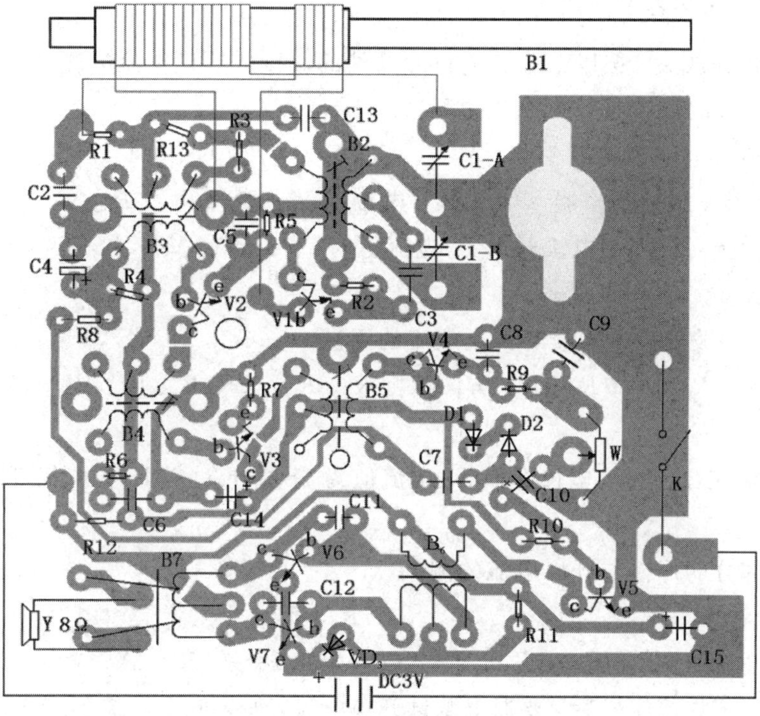

图 6-3 HX108-2 型收音机装配图

(2) 焊点要光滑，大小不要超出焊盘，不能有虚焊、搭焊、漏焊。

(3) 二极管、三极管的极性以及色环电阻的识别，如图 6-4 所示。

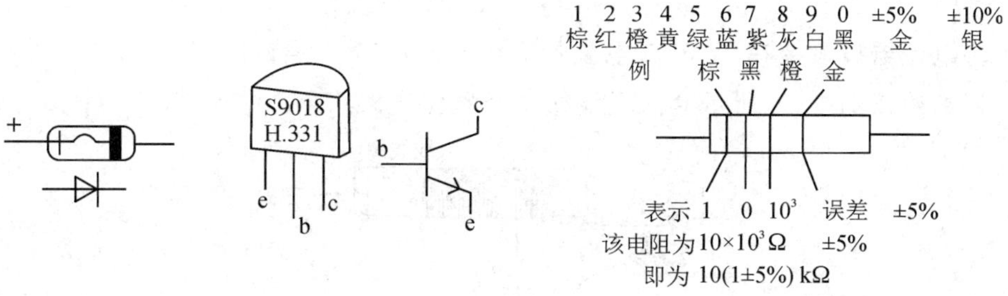

图 6-4 二极管、三极管的极性以及色环电阻的识别示意图

(4) 输入(绿或蓝色)、输出(黄色)变压器不能调换位置。

(5) 红中周 B_2 插件后，外壳应弯脚焊牢，否则会造成卡调谐盘。

2）分步焊接与开口电流测试

元器件准备完成后，按以下步骤进行元器件的焊接与开口电流的测试。

（1）低放部分的焊接与开口电流的测试。

焊接元器件：电池极片及引线、VD_1、VD_2、VD_3、VT_5、VT_6、VT_7、C_{10}、C_{11}、C_{12}、C_{13}、C_{14}、C_{15}、B_6、B_7、扬声器 Y 及引线、电位器 W、R_{10}、R_{11}、R_{12}。

测试开口电流：VT_5 集电极开口 4，电流值为 2～4 mA；VT_6 和 VT_7 集电极开口 5，电流值为 4～10 mA。

（2）中放、检波部分的焊接与开口电流的测试。

焊接元器件：R_3、R_4、R_5、R_6、R_7、R_8、R_9、R_{13}、B_3、B_4、B_5、VT_2、VT_3、VT_4、C_4、C_5、C_6、C_7、C_8、C_9。

测试开口电流：VT_3 集电极开口 3，电流值为 1～2 mA；VT_2 集电极开口 2，电流值为 0.4～0.8 mA。

（3）变频部分的焊接与开口电流的测试。

焊接元器件：B_1、B_2、VT_1、C_1、C_2、C_3、R_1、R_2。

测试开口电流：VT_1 集电极开口 1，电流值为 0.18～0.22 mA。

注意：每一步焊接完成后，要通电测试开口电流，如果开口电流不正常，则要检查相应部分电路，直至排除故障后才能继续进行下一步焊接。

3. 零配件总装

1）组合件准备

（1）将电位器拨盘装在 W-5kΩ 电位器上，用 M1.7×4 螺钉固定。

（2）将磁棒按图 6－5 所示套入天线线圈及磁棒支架。

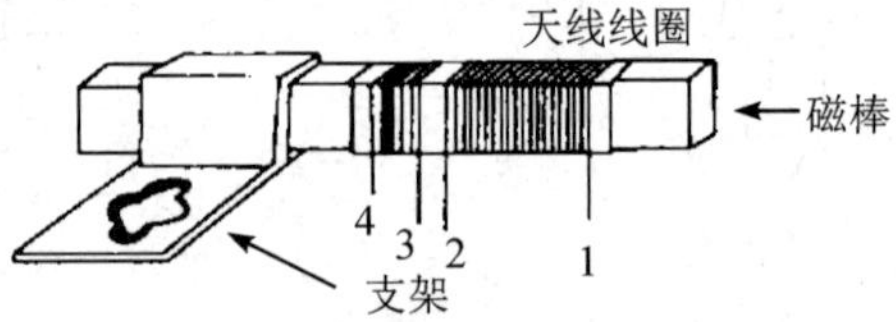

图 6－5　磁棒天线装配示意图

2）大件安装

（1）将双联电容 C_1 安装在印刷电路板正面，将天线组合件上的支架放在印刷电路板反面双联电容上，然后用 2 只 M2.5×5 螺钉固定，并将双联电容引脚超出电路板部分弯脚后焊牢。

(2) 将天线线圈的 1 端焊接于双联同轴可变电容天线联 C_{1-A} 上，2 端焊接于双联同轴可变电容中点地线上，3 端焊接于 VT_1 基极(b)，4 端焊接于 R_1、C_2 公共点。

(3) 将电位器组合件焊接在电路板指定位置。

3) 前框配件安装

(1) 将电池负极簧、正极片安装在如图 6-6 所示位置上，焊好连接线及电路板引线。

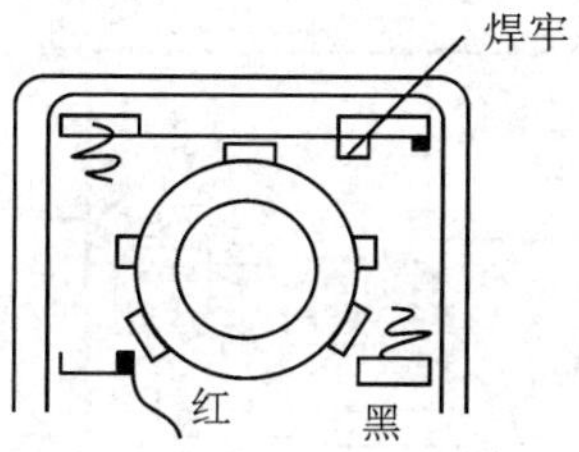

图 6-6 电池簧片安装示意图

(2) 将扬声器 Y 安装于前框，用一字小螺丝批导入压脚，再用烙铁热铆三只固定脚。如图 6-7 所示。根据装配图，分别将两根导线焊接在喇叭与线路板上。

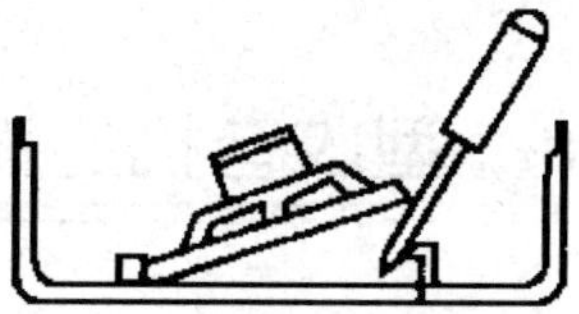

图 6-7 扬声器安装示意图

(3) 将前面板上周率板安装好，并将拎带套在前框内。

(4) 将调谐盘装在双联同轴可变电容轴上，如图 6-8 所示，用 M2.5×5 螺钉固定，注意调谐盘方向。

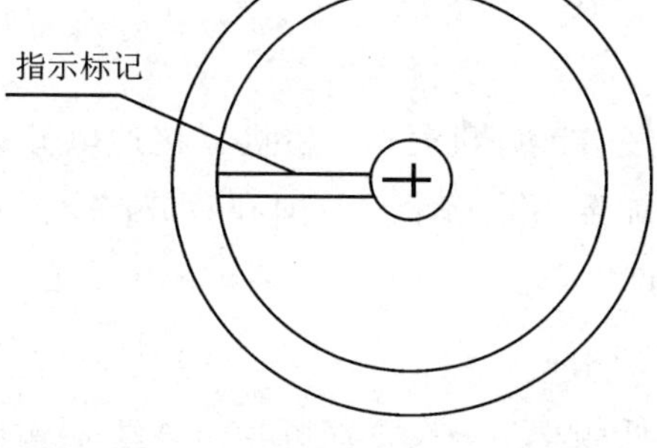

图 6-8 调谐盘安装示意图

（5）将组装完毕的机芯按图 6 - 9 所示装入前框，一定要安装到位。

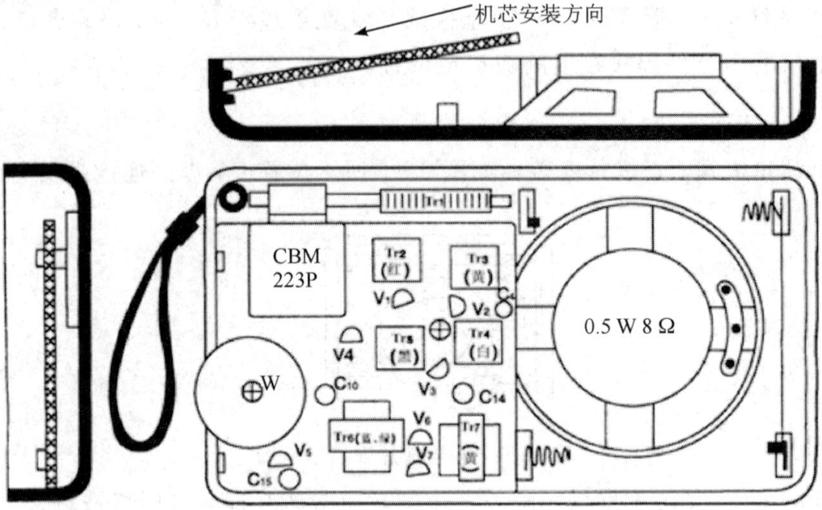

图 6 - 9　机芯安装示意图

6.3 HX108-2 型收音机的调试

1. 仪器设备

HX108-2 型收音机调试需要准备的仪器设备有稳压电源(200 mA、3 V)、低频信号发生器、高频信号发生器、示波器、环形天线(作为调试信号的发射天线)、无感应螺丝批。

2. 调试步骤

1）低频调试

在元器件装配焊接无误及装配好机壳后，将机器接通电源，用低频信号发生器产生频率为 1 kHz 的正弦波信号，加至 VT_5 基极，这时在示波器上能观测到不失真的正弦信号的波形，说明低频部分调试通过。

2）中频调试

首先将双联电容调至最低频率点，设置高频信号发生器输出信号频率为 465 kHz、输出场强为 10 mV/M、调制频率为 1 kHz、调幅度为 30%；然后将输出信号加至 R_3 电阻的一端，收音机接收到信号后，示波器应显示 1 kHz 信号波形，用无感应螺丝批依次调节黑、白、黄三个中周，且反复调节，使其输出最大，此时，465 kHz 中频调试完成。

3）频率覆盖调试

设置高频信号发生器输出信号频率为 520 kHz、输出信号场强为 5 mV/M、调制频率为1 kHz、调幅度为 30%，调试接线框图如图 6－10 所示。将双联电容调至低端频率，用无感应螺丝批调节 B_2(振荡线圈)，收音机收到信号后，再将双联电容调至最高端频率，设置高频信号发生器输出信号频率为 1620 kHz，调节双联振荡联微调电容 $C_{1\text{-}B}$，收音机接收到信号后，再重复将双联电容调至低端频率，调节 B_2，以此类推。对双联电容高低端频率反复调整，直至低端频率为 520 kHz，高端频率为 1620 kHz 为止，频率覆盖调试到此结束。调试时可以在示波器上观察输出波形质量。

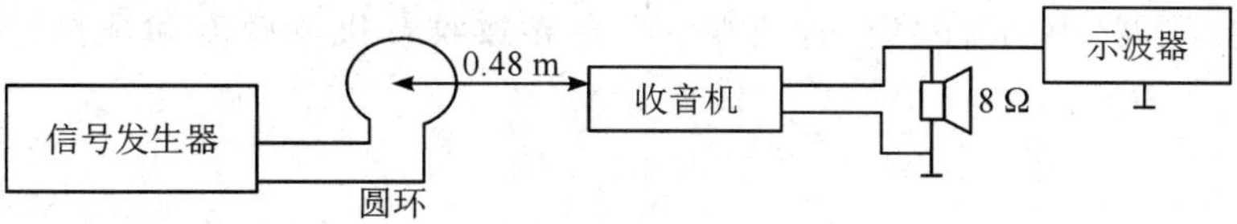

图 6－10 频率覆盖及统调接线框图

4）统调

设置高频信号发生器输出信号频率为 600 kHz、输出信号场强为 5 mV/M 左右、调制频率为 1 kHz、调制幅度为 30%，调试接线框图如图 6－10 所示。调节收音机调谐旋钮，接收到 600 kHz 信号后，调节中波磁棒线圈位置，使输出音量为最大，然后设置高频信号发生器输出信号频率为 1400 kHz，调节收音机，直至接收到 1400 kHz 信号后，调双联微调电容 C_{1A}，使输出音量为最大，然后重复调节 600 kHz 和 1400 kHz 统调点，直至这两点输出音量均为最大，至此统调结束。调节时可以在示波器上观察输出波形质量。

在中频调试、频率覆盖调试、统调结束后，收音机即可接收到高、中、低频电台信号，且信号频率与收音机面板刻度基本相符。最后，接收电台进行试听，在高、中、低频都能接收到电台信号后，即可将后盖盖好。

6.4 收音机的故障检修

在收音机的装配和调试过程中，可能会出现各种各样的问题，这时就要根据电路原理及装配图来检修故障。下面对收音机的装配与调试过程中经常出现的问题及故障进行简单的分析。

1. 装调中易出现的问题

1）变频部分

判断变频级是否起振，选择 MF47 型万用表直流 2.5 V 挡，黑表笔接 VT_1 发射极，红表笔接地，然后用手摸振荡线圈 B_2，若万用表指针向左偏转，则说明电路工作正常，否则说明电路中有故障。变频级工作电流不宜太大，否则收音机噪声大。红色振荡线圈外壳两脚均应折弯焊牢，以防调谐盘卡盘。

2）中频部分

如果中频变压器（中周）序号位置错误，则会导致收音机灵敏度和选择性降低，有时会产生自激。

3）低频部分

如果输入变压器、输出变压器位置错误，那么虽然电路工作电流正常，但收音机音量很低，若 VT_6、VT_7 集电极（c）和发射极（e）焊错，则电路工作电流小，收音机音量极低。

2. 常见故障分析

1）工作电压不正常

在正常情况下，二极管 VD_1、VD_2 串联的钳位电压为 1.3±0.1 V，此电压大于 1.4 V 或小于 1.2 V 时，收音机均不能正常工作。如果钳位电压大于 1.4 V，则可能二极管 1N4148 极性接反或已损坏，检查二极管。如果钳位电压小于 1.3 V 或无电压，则检查以下各项：

（1）电源 3 V 是否接通。

（2）电阻 R_{12}（220 Ω）是否接好，阻值是否正确。

（3）中周（特别是白中周 B_4 和黄中周 B_3）初级与其外壳是否短路。

2）变频级无工作电流

检查是否存在以下故障：

（1）天线线圈 B_1 次级未接好。

（2）三极管 VT_1 损坏或未按要求接好。

(3) 振荡线圈 B_2 的次级不通，电阻 R_3(100 Ω)虚焊、错焊或接了大阻值电阻。

(4) 电阻 R_1 和 R_2 接错或虚焊。

3) 一中放无工作电流

检查是否存在以下故障：

(1) 三极管 VT_2 损坏或引脚(e、b、c)焊错。

(2) 电阻 R_4 未接好。

(3) 黄中周 B_3 次级开路。

(4) 电解电容 C_4(4.7 μF)短路。

(5) 电阻 R_5(150 Ω)开路或虚焊。

4) 一中放工作电流为 1.5～2 mA(标准是 0.4～0.8 mA，见原理图)

检查是否存在以下故障：

(1) 电阻 R_8 未接好或连接 R_8 的铜箔有断裂现象。

(2) 电容 C_5 短路或电阻 R_5(150 Ω)阻值为 51 Ω。

(3) 电位器 W 损坏，无阻值，电阻 R_9 未接好。

5) 二中放无工作电流

检查是否存在以下故障：

(1) 黑中周 B_5 初级开路。

(2) 黄中周 B_3 次级开路。

(3) 三极管 VT_3 损坏或引脚接错。

(4) 电阻 R_7(51 Ω)虚焊。

(5) 电阻 R_6(62 kΩ)虚焊。

6) 推动级无工作电流

检查是否存在以下故障：

(1) 输入变压器(B_6)初级开路。

(2) 三极管 VT_5 损坏或引脚焊错。

(3) 电阻 R_{10}(51 kΩ)虚焊。

7) 功放级无电流(VT_6、VT_7)

检查是否存在以下故障：

(1) 输入变压器 B_6 次级不通。

（2）输出变压器 B_7 不通（自耦变压器）。

（3）三极管 VT_6、VT_7 损坏或引脚焊错。

（4）电阻 R_{11}（1 kΩ）虚焊。

8）功放级电流太大（大于 20 mA）

检查是否存在以下故障：

（1）二极管 VD_3 损坏或极性接反，引脚未焊好。

（2）电阻 R_{11}（1 kΩ）阻值小。

9）收音机无声音

检查是否存在以下故障：

（1）未加电源。

（2）二极管 VD_1 与 VD_2 串联的两端电压不等于 1.3 V±0.1 V。

（3）各级电路开口电流不在正常范围内，如果哪一级开口电流不正常，则故障就在这一级电路，重点检查这一级电路。

（4）用万用表×1 Ω 挡检查扬声器，电阻值应为 8 Ω 左右。用万用表表笔接触扬声器引出接头时应有“喀嚓”声，若用万用表测量扬声器无阻值或无“喀嚓”声，则说明扬声器已损坏。（测量时，应将扬声器至电路板的引线焊下，不可连机测量）。

（5）黄中周 B_3 外壳未焊好。

（6）音量电位器 W 未打开。

小　结

本项目主要介绍了下列概念和相关知识：

（1）HX108-2 型收音机的低放电路工作原理。

（2）HX108-2 型收音机整机供电原理。

（3）HX108-2 型收音机开口电流测试步骤。

（4）HX108-2 型收音机调试步骤

（5）HX108-2 型收音机常见故障检修。

习 题

1. 简述 HX108-2 型收音机的低放电路工作原理。
2. 分析 HX108-2 型收音机整机供电原理。
3. 简述 HX108-2 型收音机开口电流测试步骤。
4. HX108-2 型收音机调试步骤有哪些?
5. HX108-2 型收音机工作电压不正常时,应如何检修?

项目 7

微型调频收音机装配与调试实训

实训目标

（1）了解调频收音机的基本工作原理。

（2）了解 SMT 的特点，熟悉其基本工艺过程。

（3）掌握微型调频收音机的装配与调试方法。

（4）坚持马克思主义世界观和方法论，领会习近平新时代中国特色社会主义思想，增进对伟大祖国、中华民族、中华文化、中国共产党、中国特色社会主义的认同。

7.1 微型调频收音机的基本原理

1. 微型调频收音机的特点

微型调频收音机采用电调谐单片 FM 收音机集成电路，调谐方便准确；接收频率为 87～108 MHz，具有较高的接收灵敏度；电源范围宽（1.8～3.5 V）；内设静噪电路，抑制调谐过程中的噪声。该收音机外形小巧，便于随身携带。微型调频收音机外观如图 7-1 所示。

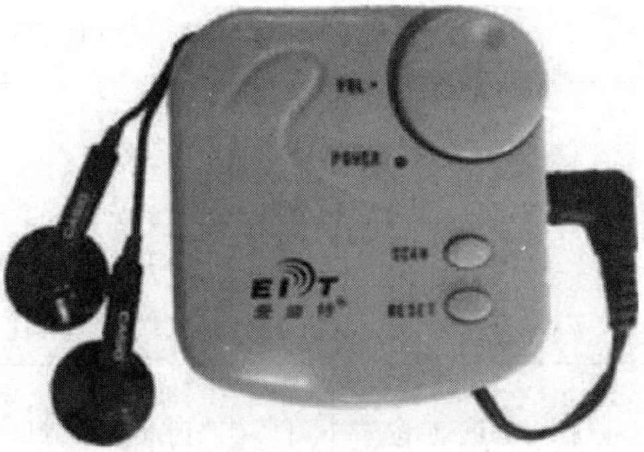

图 7-1　微型调频收音机外观图

2. 微型调频收音机的工作原理

微型调频收音机电路原理图如图 7-2 所示，它采用特殊的低中频(70 kHz)技术，外围电路省去了中频变压器和陶瓷滤波器，使电路简单可靠，调试方便。该电路的核心是单片收音机集成电路 SC1088。SC1088 采用 SOT16 脚封装，其引脚功能如表 7-1 所示。

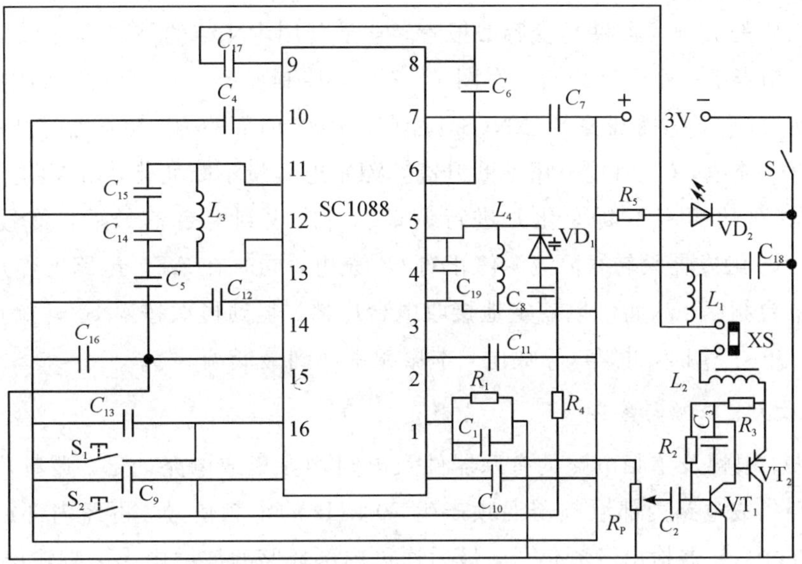

图 7-2　微型调频收音机电路原理图

表 7-1　集成电路 SC1088 引脚功能

引脚	功能	引脚	功能	引脚	功能	引脚	功能
1	静噪输出	5	本振调谐回路	9	IF 输入	13	限幅器失调电压电容
2	音频输出	6	IF 反馈	10	IF 限幅放大器的低通电容	14	接地
3	AF 环路滤波	7	放大器低通电容	11	射频信号输入	15	全通滤波电容搜索调谐输入
4	U_{cc}	8	IF 输出	12	射频信号输入	16	电调谐 AFC 输出

1）FM 信号输入

如图 7-2 所示，调频信号由耳机线馈入，经 C_{14}、C_{13}、C_{15} 和 L_1 的输入电路进入 SC1088 的第 11、12 脚的混频电路。

2）本振调谐电路

本振电路中的关键元器件是变容二极管，它是利用 PN 结的结电容与反偏电压的关系特性制成的，相当于一个可变电容。在图 7-2 中，控制变容二极管 VD_1 的电压由 SC1088 第 16 脚输出。当按下扫描开关 SCAN(S_1)时，SC1088 内部的 RS 触发器打开恒流源，由第 16 脚向电容 C_9 充电，C_9 两端电压不断升高，VD_1 电容量不断变化，由 VD_1、C_8、L_4 构成的本振调谐电路的频率不断变化并进行调谐。当接收到电台信号后，信号检测电路使 SC1088 内的 RS 触发器翻转，恒流源停止对 C_9 充电，同时在 AFC 电路的作用下，锁住所接收的广播电台频率，从而可以稳定地接收电台广播，直到再次按下 S_1 开始重新搜索。当按下 RESET 开关 S_2 时，电容 C_9 放电，本振频率回到最低端。

3）中频放大、限幅与鉴频

中频放大、限幅及鉴频电路的有源器件及电阻均在集成电路内部。调频广播信号和本振电路信号经集成电路内部混频器混频产生 70 kHz 的中频信号，再经内部放大器和中频限幅器后，通过鉴频器检出音频信号，最后通过内部环路滤波后由第 2 脚输出音频信号。

4）耳机放大电路

由于用耳机收听收音机所需功率很小，因此本机采用了简单的晶体管放大电路，第 2

脚输出的音频信号经电位器 R_p 调节音量后，由 VT_1、VT_2 组成的复合管甲类放大。R_1 和 C_1 组成音频输出负载，线圈 L_1 和 L_2 为射频与音频隔离线圈。这种电路的耗电量与有无广播信号以及音量大小关系不大，因此不收听时要关断电源。

7.2 微型调频收音机的装配

1. 安装流程

微型调频收音机的元器件安装方式有 THT 和 SMT 两种形式，装配工艺流程如图7－3所示。

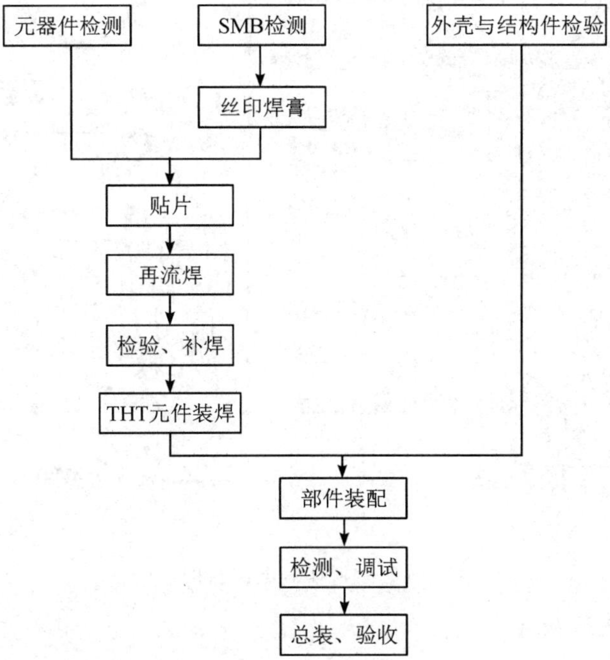

图 7－3　微型调频收音机装配工艺流程

2. 相关技术准备

(1) 了解 SMT 基本知识：SMC、SMD 的特点及安装要求；SMB 设计及检验；SMT 的工艺过程；再流焊工艺及设备。

（2）掌握微型调频收音机的电路工作原理。

（3）了解微型调频收音机的结构及安装要求。

3. 安装前检查

1）检查 SMB

参照图 7－4 所示的印制电路板图，检查电路板是否完整，有无缺陷；孔位和尺寸是否符合要求；表面阻焊层是否符合要求。

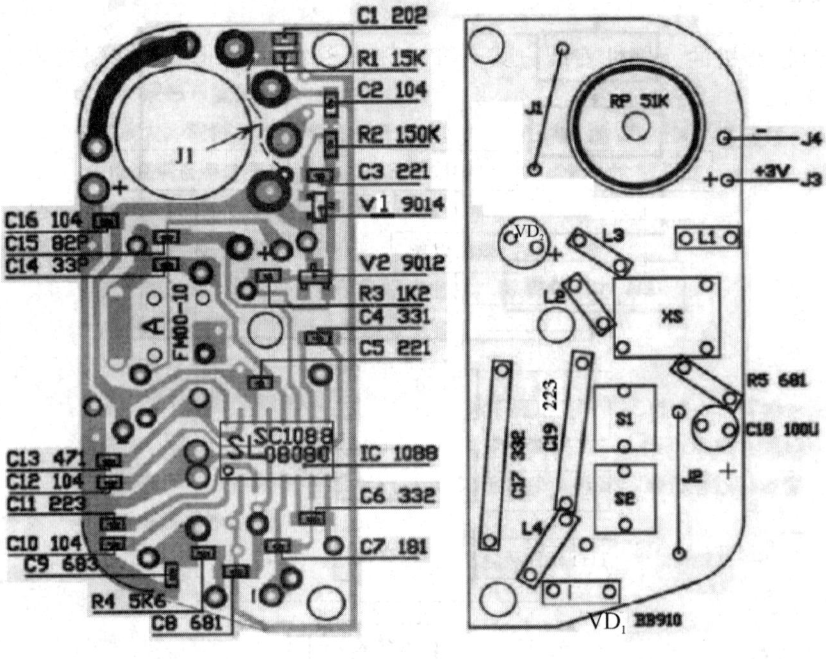

图 7－4　印制电路板图

2）检查元器件及结构件

按照表 7－2 材料清单，清查元器件品种规格及数量，检查有无外壳缺陷及外观损伤，检查电位器、LED、线圈、电解电容、变容二极管、插座、开关等 THT 元件的好坏。

表 7－2 材料清单

类别	位号	规格	类别	位号	规格	类别	位号	规格
电阻	R_1	153	电容	C_{12}	104	集成块	IC	SC1088
	R_2	154		C_{13}	471	金属件	电池片(3 片，正、负、连接片各一)	
	R_3	122		C_{14}	330		自攻螺钉 3 只	
	R_4	562		C_{15}	820		电位器螺钉 1 只	
	R_5	681		C_{16}	104	塑料件	前盖	
电容	C_1	202		C_{17}	332		后盖	
	C_2	104		C_{18}	100 μF		电位器钮(内、外)	
	C_3	221		C_{19}	223		开关钮(有缺口)	
	C_4	331	电感	L_1	100 μH		开关钮(无缺口)	
	C_5	221		L_2	100 μH		卡子	
	C_6	332		L_3	70nH	其他	印制板 1 块	
	C_7	181		L_4	78nH		耳机 32 Ω×2	
	C_8	681	二极管	VD_1	BB910		R_P(带开关电位器 51 kΩ)	
	C_9	683		VD_2	LED		S_1、S_2(轻触开关)各一个	
	C_{10}	104	三极管	VT_1	9014		XS 耳机插座	
	C_{11}	223		VT_2	9012		J_1、J_2 跳线各一根，J_3、J_4 引线各一根	

4. 贴片及焊接

第一步：丝印焊膏，并检查印刷情况。

第二步：按工序流程贴片。

元器件贴片顺序：C_1、R_1、C_2、R_2、C_3、VT_1、C_4、VT_2、C_5、R_3、C_6、SC1088、C_7、C_8、R_4、C_9、C_{10}、C_{11}、C_{12}、C_{13}、C_{14}、C_{15}、C_{16}。

注意：不得用手拿 SMC 和 SMD；用镊子夹持元器件不可夹到引线上；放置 SC1088 芯片要注意方向；贴片电容表面没有标识，一定要保证准确贴到指定位置。

第三步：检查贴片元器件数量及位置。

第四步：用再流焊机焊接。

第五步：检查焊接质量及修补。

5. 安装 THT 元器件

第一步：焊接跳线 J_1、J_2（可用剪下的元件引线代替）。

第二步：安装并焊接电位器 R_P，注意电位器与印制板平齐。

第三步：安装轻触开关 S_1 和 S_2。

第四步：安装耳机插座 XS。

第五步：焊接电感线圈 L_1、L_3、L_4，其中 L_1 是磁环，L_3 是 8 匝线圈，L_4 是 5 匝线圈。

第六步：焊接变容二极管 VD_1，注意极性；焊接 R_5、C_{17}、C_{19} 及电解电容 C_{18}（电解电容注意极性）；焊接红色电感 L_2。

第七步：焊接发光二极管 VD_2，注意高度与极性。

第八步：焊接电源连接线 J_3、J_4，注意正、负连线的颜色。

7.3 微型调频收音机的调试

完成焊接安装后，在总装之前按以下步骤进行调试。

1. 完成所有元器件的焊接后进行目视检查

完成所有元器件的焊接后，在通电调试之前，先初步进行目视检查。主要检查元器件型号、规格、数量及安装位置、方向是否与图纸符合，还要检查焊点有无虚焊、漏焊、桥接短路及焊锡飞溅等缺陷。

2. 测量总电流

（1）检查无误后，将电源线焊接到电池片上。

（2）在电位器开关断开的状态下装入电池。

（3）插入耳机。

（4）用万用表 50 mA 挡跨接在开关两端测量总电流，正常值应为 7～30 mA（与电源电压相关），并且 LED 正常点亮。各种工作电压下的测量结果见表 7-3。

表 7-3 各种工作电压下的测量结果

工作电压/V	1.8	2	2.5	3	3.2
工作电流/mA	8	11	17	24	28

如果在测量时，电流为 0 mA 或超过 35 mA，则说明电路有故障，要进行检修。

3. 搜索电台广播

如果测量总电流在正常范围内，可按 S_1(SCAN)搜索电台广播。只要元器件质量完好，安装无误，焊接可靠，则不用调整任何部分即可收听到广播电台信号。

如果收不到广播电台信号，应仔细检查电路，特别是检查有无错装、虚焊、漏焊等缺陷。

4. 调整频率覆盖

我国调频广播的频率范围为 87～108 MHz，调试时可找一个当地频率最低的 FM 电台，适当改变 L_4 的匝间距，使收音机按过 RESET 键后第一次按 SCAN 键就可以收到这个电台信号。由于 SC1088 集成度高，如果元器件一致性较好，则一般收到低端频率电台信号后均可覆盖 FM 频段，故可不调试高端频率而仅做检查，可用一个成品 FM 收音机对照检查。

5. 调整灵敏度

微型调频收音机的灵敏度由电路及元器件决定，一般不用调整，调好频率覆盖后即可正常收听。有兴趣的读者可在收听中间频段电台时适当调整 L_4 匝间距，以提高收音机灵敏度(加大耳机监听音量)，但实际操作中效果不是太明显。

7.4 微型调频收音机的总装与质量检查

电路调试完成后，要将所有的零配件安装好，使之成为一部完整的收音机。总装的操作步骤如下。

1. 蜡封线圈

调试完毕后，将适量泡沫塑料填入线圈 L_4(注意不要改变线圈形状及匝间距)，滴入适量蜡使线圈固定。

2. 固定 SMB，安装外壳

将外壳面板平放到桌面上，将 2 个按键帽放入孔内，在 SCAN 键帽上有缺口，放键帽时要将缺口对准机壳上的凸起，RESET 键帽上无缺口。

将 SMB 对准位置放入壳内。注意对准 LED 位置，若有误差可轻轻拨动，误差过大则必须重焊。注意 3 个孔与外壳螺柱的配合，注意电源线不要妨碍机壳装配。

装上中间固定螺钉，装上电位器旋钮(注意旋钮上的凹点位置)，最后装上后盖，旋上两边的螺钉。

3. 质量检查

完成总装后，装入电池，插入耳机，然后进行质量检查，主要检查以下几项：

(1) 电源开关手感良好；

(2) 音量正常可调；

(3) 收听正常；

(4) 表面无损伤。

小　　结

本项目主要介绍了下列概念和相关知识：

(1) 单片收音机集成电路 SC1088 采用特殊的低中频(70 kHz)技术，外围电路省去了中频变压器和陶瓷滤波器，使电路简单可靠，调试方便。

(2) 微型调频收音机的特点是采用电调谐单片 FM 收音机集成电路，调谐方便准确；接收频率为 87～108 MHz，具有较高的接收灵敏度；电源范围宽(1.8～3.5 V)；内设静噪电路，抑制调谐过程中的噪声；该收音机外形小巧，便于随身携带。

(3) 微型调频收音机的调试步骤为：① 测量总电流；② 搜索电台广播；③ 调整频率覆盖；④ 调整灵敏度。

(4) 微型调频收音机的总装与质量检查步骤为：① 蜡封线圈；② 固定 SMB，安装外壳；③ 质量检查。

习　题

1. 简述微型调频收音机的特点。
2. 微型调频收音机的调试步骤有哪些？
3. 简述微型调频收音机总装与质量检查步骤。

项目 8

直流稳压电源实训

实训目标

(1) 了解直流稳压电源的基本组成。

(2) 了解直流稳压电源的性能指标与测试方法。

(3) 掌握直流稳压电源电路设计、安装与调试方法。

(4) 树立正确的人生观和价值观，养成严谨的工作作风。

8.1 直流稳压电源的基本组成

直流稳压电源一般由电源变压器、整流滤波电路及稳压电路组成，如图 8－1 所示。

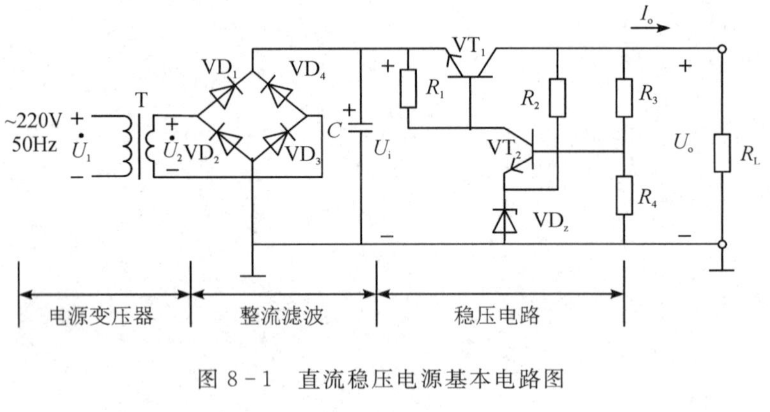

图 8－1 直流稳压电源基本电路图

1. 电源变压器

电源变压器的作用是将电网 220 V 的交流电压 U_1 变换成整流滤波电路所需要的交流电压 U_2。变压器副边与原边的功率比为

$$\eta=\frac{P_2}{P_1} \tag{8-1}$$

式中，η 为变压器的效率。一般小型变压器的效率如表 8-1 所示。

表 8-1 小型变压器的效率

副边功率 P_2/(V·A)	<10	10～30	30～80	80～200
效率 η	0.6	0.7	0.8	0.85

2. 整流滤波电路

整流二极管 VD_1～VD_4 组成单相桥式整流电路，将交流电压 U_2 变成脉动的直流电压，再经滤波电容 C 滤除纹波，输出直流电压 U_i。U_i 与交流电压的有效值 U_2 的关系为

$$U_i=(1.1\sim1.2)U_2 \tag{8-2}$$

每只整流二极管承受的最大反向电压为

$$U_{RM}=\sqrt{2}U_2 \tag{8-3}$$

通过每只二极管的平均电流为

$$I_D=0.5I_R=0.45\frac{U_2}{R} \tag{8-4}$$

式中，R 为整流滤波电路的负载电阻。它为电容 C 提供放电回路，RC 放电时间常数应满足：

$$RC>(3\sim5)\frac{T'}{2} \tag{8-5}$$

式中，T'为 50 Hz 交流电压的周期，即 20 ms。

3. 稳压电路

调整管 VT_1 与负载电阻 R_L 相串联，组成串联式稳压电路。VT_2 与稳压管 VD_z 组成采样比较放大电路，当稳压器的输出负载变化时，输出电压 U_o 应保持不变，稳压过程如下：

设输出负载电阻 R_L 变化，使 U_o 升高，则

$$U_{b2}\uparrow - U_{c2}\downarrow - I_{b1}\downarrow - U_{ce1}\uparrow - U_o\downarrow$$

8.2 直流稳压电源的性能指标及测试方法

1. 最大输出电流

直流稳压电源正常工作时能输出的最大电流用 I_{omax} 表示。一般情况下，工作电流 $I_o<I_{omax}$。稳压电路内部应有保护电路，以防止 $I_o>I_{omax}$ 时损坏稳压器。

2. 输出电压

直流稳压电源的输出电压用 U_o 表示。采用如图 8－2 所示的测试电路，可以同时测量 U_o 与 I_{omax}。测试过程是：输出端接负载电阻 R_L，输入端接 220 V 的交流电压，数字电压表的测量值即为 U_o；使 R_L 逐渐减小，直到 U_o 的值下降 5%，此时流经负载 R_L 的电流即为 I_{omax}（记下 I_{omax} 后迅速增大 R_L，以减小稳压电源的功耗）。

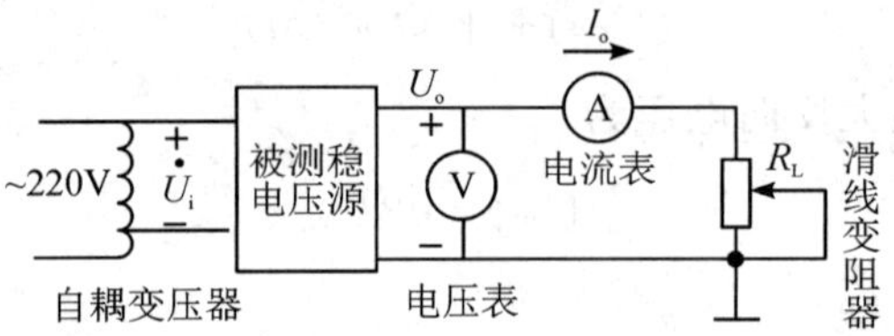

图 8－2　直流稳压电源性能指标测试电路图

3. 纹波电压

纹波电压是叠加在输出电压 U_o 上的交流分量，一般为 mV 级。可将其放大后，用示波器观测其峰-峰值 ΔU_{oPP}；也可以用交流电压表测量其有效值 ΔU_o，由于纹波电压不是正弦波，所以用有效值衡量存在一定误差。

4. 稳压系数

在负载电流 I_o、环境温度 T 不变的情况下，输入电压的相对变化引起输出电压的相对变化，即稳压系数

$$S_u = \frac{\Delta U_o / U_o}{\Delta U_i / U_i} \bigg| (I_o = C, T = C) \tag{8-6}$$

S_u 的测量电路如图 8－2 所示。测试过程是：先调节自耦变压器使输入电压增加 10%，即 $U_i=242$ V，测量此时对应的输出电压 U_{o1}；再调节自耦变压器使输入电压减少 10%，即 $U_i=198$ V，测量这时的输出电压 U_{o2}，再测 $U_i=220$ V 时对应的输出电压 U_o，则稳压系数为

$$S_u = \frac{\Delta U_o / U_o}{\Delta U_i / U_i} = \frac{220}{242-198} \cdot \frac{U_{o1}-U_{o2}}{U_o} \tag{8-7}$$

8.3 集成直流稳压电源的组成

1. 集成稳压器

常见集成稳压器有固定式三端稳压器与可调式三端稳压器，下面分别介绍其典型应用及选择原则。

常见的固定式三端稳压器及典型应用电路图如图 8－3 所示。其中 CW78××系列稳压器输出固定的正电压，如 CW7805 输出为＋5V；CW79××系列稳压器输出固定的负电压，如 CW7905 输出为－5 V。输入端接电容 C_i 可以进一步滤除纹波，输出端接电容 C_o 能改善负载的瞬态影响，使电路稳定工作。C_i、C_o 最好采用漏电流小的钽电容，如果采用电解电容，则电容量要比图中数值增加 10 倍。

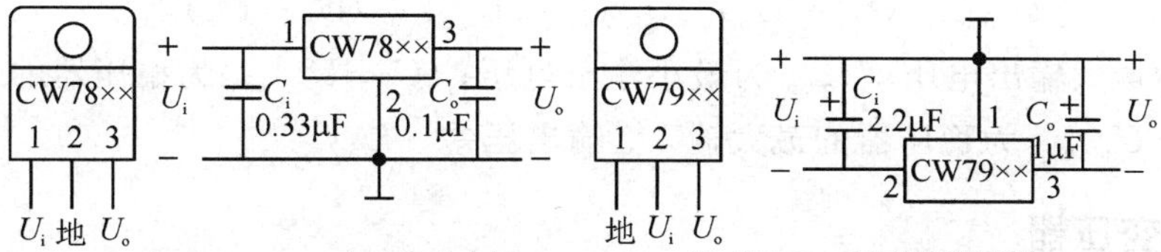

(a) CW78××系列典型应用 (b) CW79××系列典型应用

图 8－3 固定式三端稳压器及典型应用电路图

可调式三端稳压器能输出连续可调的直流电压。常见的可调式三端稳压器及典型应用电路图如图 8－4 所示。

图 8－4 中，CW317 系列稳压器输出连续可调的正电压，CW337 系列稳压器输出连续可调的负电压。稳压器内部含有过流、过热保护电路。R_1 与 R_{P1} 组成电压输出调节电路，

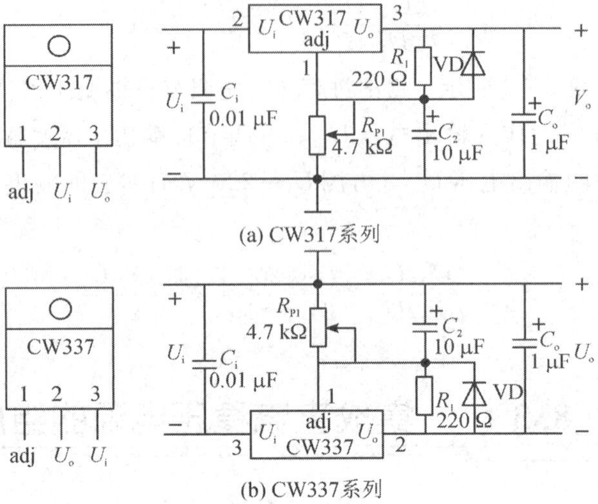

图 8-4 可调式三端稳压器及典型应用电路图

输出电压为

$$U_o \approx 1.25\left(1+\frac{R_{P1}}{R_1}\right) \tag{8-8}$$

R_1 的值为 120～240 Ω，流经 R_1 的泄放电流为 5～10 mA。R_{P1} 为精密可调电阻器。电容 C_2 与 R_{P1} 并联组成滤波电路，可减小输出的纹波电压。二极管 VD 的作用是防止输出端与地短路时损坏稳压器。

集成稳压器的输出电压 U_o 与稳压电源的输出电压相同。稳压器的最大允许电流 $I_{CM} < I_{omax}$，输入电压 U_i 的范围为

$$U_{omax} + (U_i - U_o)_{min} \leqslant U_i \leqslant U_{omin} + (U_i - U_o)_{max} \tag{8-9}$$

式中：U_{omax} 为最大输出电压；U_{omin} 为最小输出电压；$(U_i - U_o)_{min}$ 为稳压器的最小输入、输出压差；$(U_i - U_o)_{max}$ 为稳压器的最大输入、输出压差。

2. 电源变压器

通常根据变压器副边输出功率 P_2 来选购(或自绕)变压器。由式(8-2)可得变压器副边的输出电压 U_2 与稳压器输入电压 U_i 的关系。U_2 的值不能取大，U_2 越大，稳压器的压差越大，功耗也越大。一般取 $U_2 \geqslant U_{imin}/1.1$，$I_2 > I_{omax}$。

3. 整流二极管及滤波电容

整流二极管 VD 的反向击穿电压 U_{RM} 应满足 $U_{RM} > U_2$，其额定工作电流应满足

$I_F > I_{omax}$。

滤波电容 C 可由下式估算：

$$C = \frac{I_C t}{\Delta U_{iPP}} \tag{8-10}$$

式中：ΔU_{iPP} 为稳压器输入端纹波电压的峰-峰值；t 为电容 C 的放电时间，$t = T/2 = 0.01$ s；I_C 为电容 C 的放电电流，可取 $I_C = I_{omax}$，滤波电容 C 的耐压值应大于 U_2。

8.4 集成直流稳压电源电路设计、安装与调试

1. 集成直流稳压电源的设计方法

性能指标要求：$U_o = 3 \sim 9$ V，$I_{omax} = 800$ mA，$\Delta U_{oPP} \leqslant 5$ mV，$S_u \leqslant 3 \times 10^{-3}$。

1）选择集成稳压器，确定电路形式

选择可调式三端稳压器 CW317，其特性参数 $U_o = 1.2 \sim 37$ V，$I_{omax} = 1.5$ A，最小输入、输出压差 $(U_i - U_o)_{min} = 3$ V，最大输入、输出压差 $(U_i - U_o)_{max} = 40$ V。组成的稳压电源电路图如图 8-5 所示。由式(8-8)得 $U_o = 1.25(1 + R_{P1}/R_1)$，取 $R_1 = 240\ \Omega$，则 $R_{P1min} = 336\ \Omega$，$R_{P1max} = 1.49$ kΩ，故取 R_{P1} 为 4.7 kΩ 的精密线绕可调电位器。

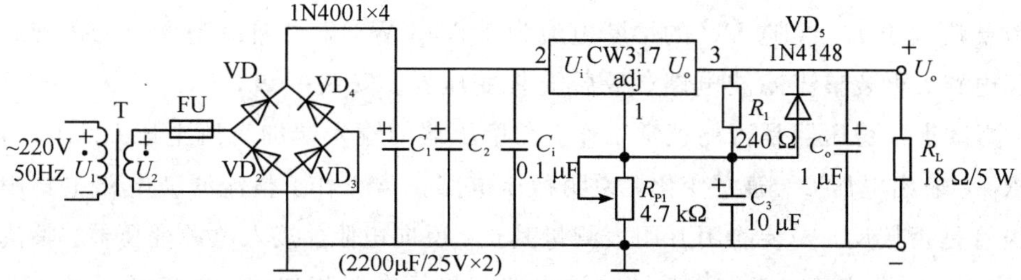

图 8-5 直流稳压电源实验电路图

2）选择电源变压器

由式(8-9)可得输入电压 U_i 的范围为

$$U_{omax} + (U_i - U_o)_{min} \leqslant U_i \leqslant U_{omin} + (U_i - U_o)_{max} \tag{8-11}$$

$$9\text{V} + 3\text{V} \leqslant U_i \leqslant 3\text{V} + 40\text{V} \tag{8-12}$$

$$12\text{V} \leqslant U_i \leqslant 43\text{V} \tag{8-13}$$

副边电压 $U_2 \geqslant U_{\mathrm{imin}}/1.1 = 12/1.1\ \mathrm{V}$，取 $U_2 = 11\ \mathrm{V}$，副边电流 $I_2 > I_{\mathrm{omax}} = 0.8\ \mathrm{A}$，取 $I_2 = 1\ \mathrm{A}$，则变压器副边输出功率 $P_2 \geqslant I_2 U_2 = 11\ \mathrm{W}$。

由表 8-1 可得变压器的效率 $\eta = 0.7$，则原边输入功率 $P_1 \geqslant P_2/\eta = 15.7\ \mathrm{W}$。为留有余地，选功率为 20 W 的电源变压器。

3）选择整流二极管及滤波电容

整流二极管 VD 选 1N4001，其参数为 $U_{\mathrm{RM}} \geqslant 50\ \mathrm{V}$，$I_{\mathrm{F}} = 1\ \mathrm{A}$。满足 $U_{\mathrm{RM}} > 1.41U_2$，$I_{\mathrm{F}} = I_{\mathrm{omax}}$ 的条件。

滤波电容 C 可由纹波电压 ΔU_{oPP} 和稳压系数 S_u 来确定。已知 $U_{\mathrm{o}} = 9\ \mathrm{V}$，$U_{\mathrm{i}} = 12\ \mathrm{V}$，$\Delta U_{\mathrm{oPP}} = 5\ \mathrm{mA}$，$S_u = 3 \times 10^{-3}$，则由式(8-6)得稳压器的输入电压的变化量为

$$\Delta U_{\mathrm{i}} = \frac{\Delta U_{\mathrm{oPP}} U_{\mathrm{i}}}{U_{\mathrm{o}} S_u} = 2.2\ \mathrm{V} \tag{8-14}$$

由式(8-10)得滤波电容为

$$C = \frac{I_C t}{\Delta U_{\mathrm{iPP}}} = \frac{I_{\mathrm{omax}} t}{\Delta U_{\mathrm{i}}} = 3636\ \mu\mathrm{F} \tag{8-15}$$

电容 C 的耐压应大于 $1.41U_2 = 15.4\ \mathrm{V}$。故取 2 只 2200 μF/25 V 的电容相并联，如图 8-5 所示。

4）电路安装与测试

首先应在变压器的副边接入保险丝 FU，以防电路短路损坏变压器或其他器件，FU 的额定电流要略大于 I_{omax}，选 FU 的熔断电流为 1 A，CW317 要加适当大小的散热片。先装集成稳压电路，再装整流滤波电路，最后安装变压器。安装一级，测试一级。对于稳压电路，主要测试集成稳压器是否能正常工作。在稳压器的输入端加直流电压 $U_{\mathrm{i}} \leqslant 12\ \mathrm{V}$，调节电位器 R_{P1}，输出电压 U_{o} 随之变化，说明稳压电路正常工作。整流滤波电路主要用于检查整流二极管是否接反，安装前用万用表测量其正、反向电阻。接入电源变压器，整流输出电压 U_{i} 应为正。断开交流电源，将整流滤波电路与稳压电路相连接，再接通电源，输出电压 U_{o} 为规定值，说明各级电路均正常工作，可以进行各项性能指标的测试。对于图 8-5 所示的稳压电路，测试工作在室温下进行，测试条件是 $I_{\mathrm{o}} = 500\ \mathrm{mA}$，$R_{\mathrm{L}} = 18\ \Omega$(滑线变阻器)。

2. 集成稳压器输出电流的扩展

1）扩展固定式三端稳压器的输出电流

图 8-6 所示为 CW78××系列与 CW79××系列集成稳压器的输出电流 I_{o} 扩展电路

图。图中，VT_1 称为扩流功率管，应选用大功率管；VT_2 与 R_2 组成限流保护电路，当输出电流过大时，VT_2 导通，扩展电流 I_1 减小以保护 VT_1。VT_2 的导通电压由 R_2I_1 决定，应特别注意其额定功率是否满足要求，扩展后的输出电流 $I_L=I_o+I_1$。若按图中所示参数设计，则可使输出电流 I_L 达到 1.5 A。

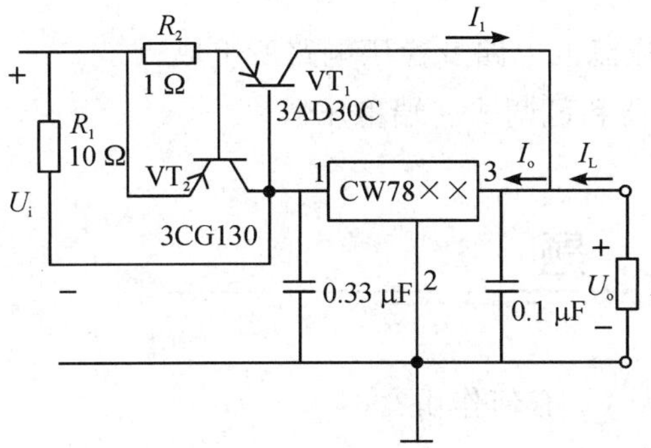

(a) CW78××系列输出电流扩展电路

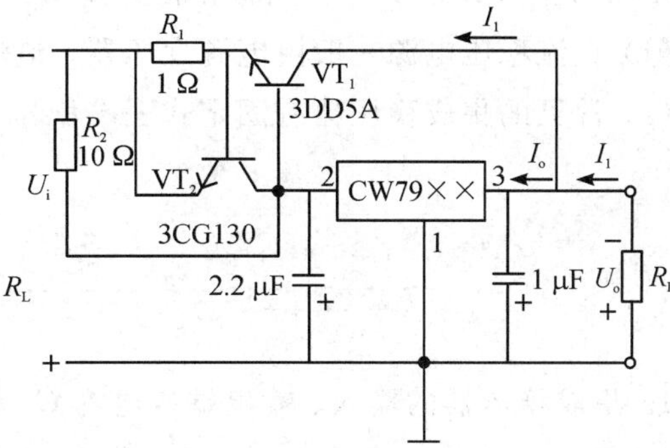

(b) CW79××系列输出电流扩展电路

图 8-6　固定式三端稳压器输出电流扩展电路图

2）扩展可调式三端稳压器的输出电流

图 8-7 所示为可调式三端稳压器输出电流扩展电路图。图中，VT_1 与 VT_2 组成互补复合管，I_1 为输出扩展电流，R_1、R_2、R_3 是偏置电阻，图中所示参数可使输出电流 I_L 达到 2 A。

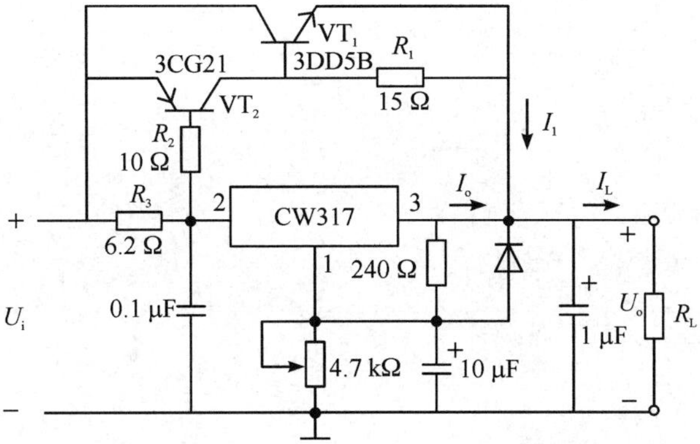

图 8-7　可调式三端稳压器输出电流扩展电路图

小　结

本项目主要介绍了下列概念和相关知识：

(1) 直流稳压电源一般由电源变压器、整流滤波电路及稳压电路所组成。

(2) 常见的集成稳压器有固定式三端稳压器和可调式三端稳压器。

习　题

1. 集成稳压器的输入、输出端接电容 C_i 及 C_o 有何作用?

2. 画出用 CW317 与 CW337 组成的具有正、负对称输出电压可调的稳压电路。

项目9

音响放大器实训

实训目标

(1) 掌握音响放大器的组成和工作原理。

(2) 了解音响放大器的主要技术指标及测试方法。

(3) 掌握音响放大器电路的设计、安装与调试方法。

(4) 理解大国工匠、高技能人才作为国家战略人才的重大意义。

9.1 音响放大器的基本组成

音响放大器的基本组成框图如图 9－1 所示。

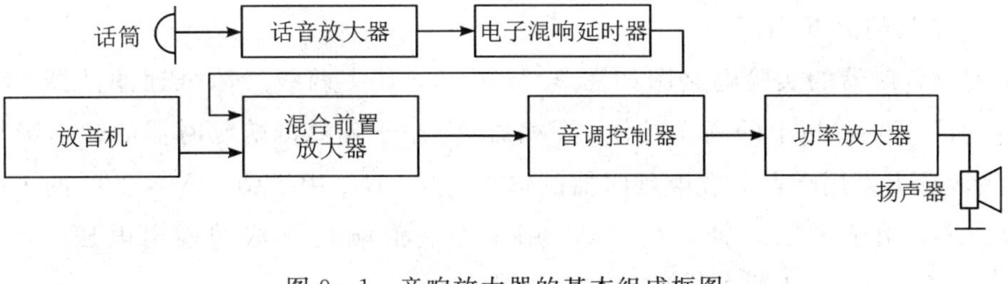

图 9－1　音响放大器的基本组成框图

1. 话音放大器

话筒的输出信号一般为 5 mV 左右，输出阻抗为 20 kΩ 左右(也有低输出阻抗的话筒，其输出阻抗为 20 Ω、200 Ω 等）。话音放大器的作用是不失真地放大声音信号（最高频率达到 10 kHz），其输入阻抗远大于话筒的输出阻抗。

2. 电子混响延时器 MN3207/M65831

电子混响延时器利用电路模拟声音的多次反射，产生混响效果，使声音听起来具有一定深度感和空间立体感。在“卡拉 OK”（利用磁带伴奏歌唱）伴唱机中，都带有电子混响延时器。

1）MN3207 组成的模拟混响延时器

模拟混响延时电路的组成框图如图 9－2 所示，其中集成电路 BBD 称为模拟延时器，其内部由场效应管构成多级电子开关和高精度存储器。

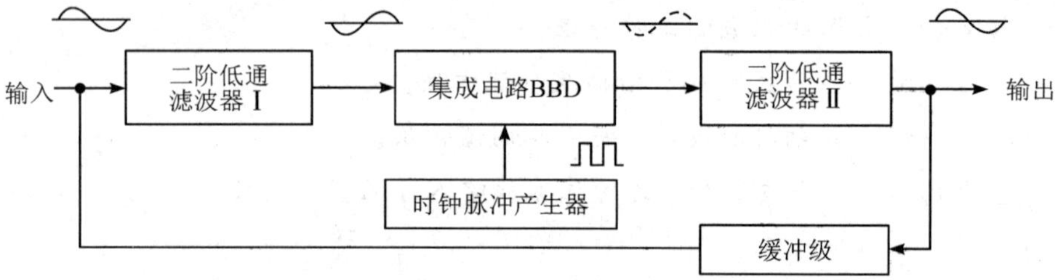

图 9－2 电子混响器延时电路的组成框图

在外加时钟脉冲的作用下，电子开关不断地接通和断开，对输入信号进行取样、保持并向后级传递，从而使 BBD 的输出信号相对于输入信号延迟了一段时间。BBD 的级数越多，时钟脉冲的频率越高，延迟时间越长。BBD 配有专用时钟电路，如 MN3102 时钟电路与 MN3200 系列的 BBD 配套。

电子混响延时器的实验电路图如图 9－3 所示，其中两级二阶低通滤波器（MFB）A_1、A_2 滤去 4 kHz（语音）以上的高频成分，反相器 A_3 用于隔离混响延时器的输出级与输入级间的相互影响。R_{P1} 用于调节混响延时器的输入电压，R_{P2} 用于调节 MN3207 的平衡输出以减小失真，R_{P3} 用于调节时钟频率，R_{P4} 用于控制混响延时器的输出电压。图 9－3 中 MN3207 与 MN3102 各引脚的电压如表 9－1 所示。

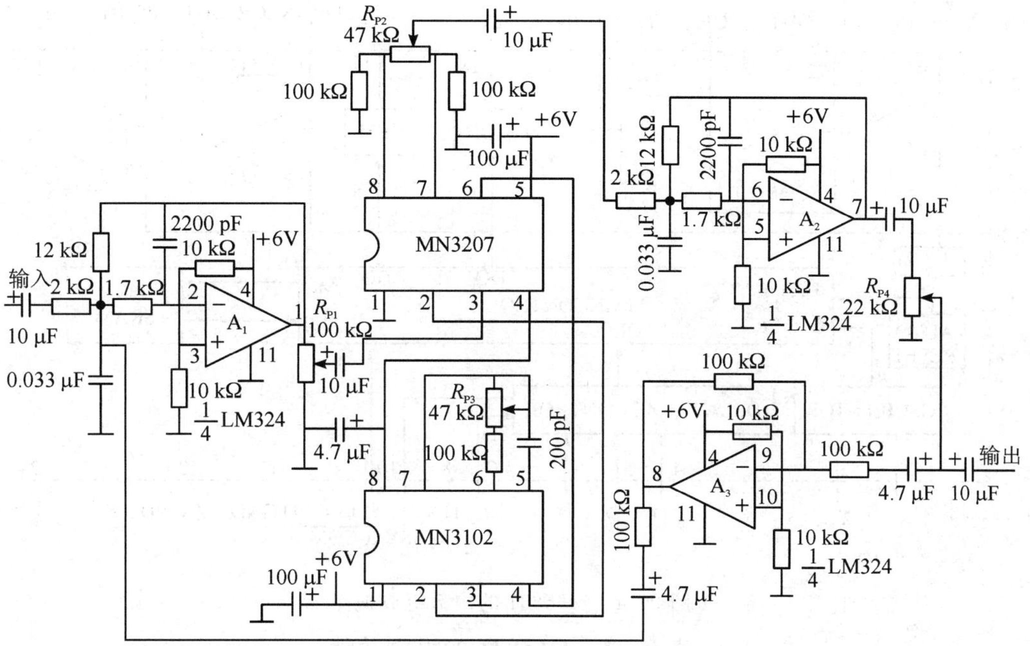

图 9-3 电子混响延时器实验电路图

表 9-1 MN3207 与 MN3102 各引脚的电压

引脚	1	2	3	4	5	6	7	8
MN3207 的电压/V	0	3.2	0	5.6	6.0	3.2	2.6	2.6
MN3102 的电压/V	6.0	3.2	0	3.2	3.2	3.2	2.8	5.6

2）M65831 组成的数字混响延时电路

集成电路 M65831 是一个+5 V 电源供电、封装为 24 个引脚的数字混响延时器，其内部组成框图如图 9-4 所示。其中主控制器(MAINCONTROL)由数字逻辑电路组成，是产生延时的核心电路。比较器输出的信号存储到 48 K 位的存储器(SRAM)中，再经过 A/D 转换和 D/A 转换、延时、低通滤波后输出延时信号。

M65831 的引脚功能如表 9-2 所示。延迟时间可以通过对引脚 4、5、6、7 的电平进行设置来获得，如表 9-3 所示。

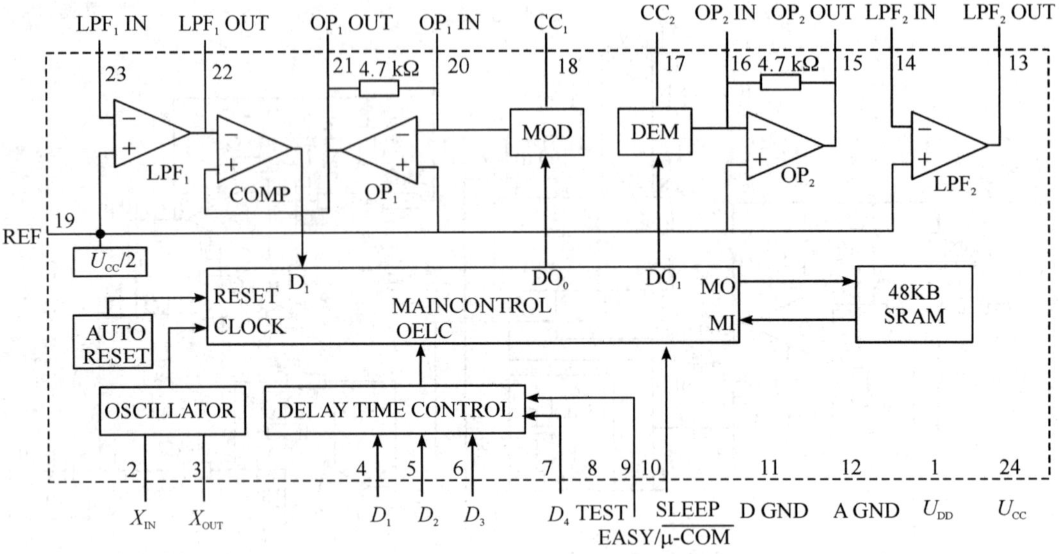

图 9-4 M65831 的内部组成框图

表 9-2 M65831 的引脚功能

序号	符号	功 能
1	U_{DD}	数字电源电压
2	X_{IN}	时钟振荡器输入
3	X_{OUT}	时钟振荡器输出(2 MHz 晶振)
4	D_1	延时输入数据 D_1
5	D_2	延时输入数据 D_2
6	D_3	延时输入数据 D_3
7	D_4	延时输入数据 D_4
8	TEST	测试端
9	EASY/$\overline{\mu\text{-COM}}$	普通模式
10	SLEEP	睡眠模式
11	D GND	数字地
12	A GND	模拟地

续表

序号	符号	功能
13	LPF_2 OUT	经外部 R、C 形成低通滤波器
14	LPF_2 IN	
15	OP_2 OUT	经外部 R、C 形成积分器
16	OP_2 IN	
17	CC_2	电流控制端 2
18	CC_1	电流控制端 1
19	REF	参考电压，等于 $U_{CC}/2$
20	OP_1 IN	经外部 R、C 形成积分器
21	OP_1 OUT	
22	LPF_1 OUT	经外部 R、C 形成低通滤波器
23	LPF_1 IN	
24	U_{CC}	模拟电源电压 U_{CC}

表 9-3 延迟时间的设置

D_4	D_3	D_2	D_1	采样频率/kHz	延迟时间/ms
L	L	L	L	500	12.3
			H		24.6
		H	L		36.9
			H		49.2
	H	L	L		61.4
			H		73.7
		H	L		86
			H		98.3

续表

D_4	D_3	D_2	D_1	采样频率/kHz	延迟时间/ms
H	L	L	L	250	110.6
			H		122.9
		H	L		135.2
			H		147.5
	H	L	L		159.7
			H		172
		H	L		184.3
			H		196.6

3）应用举例

M65831 构成的数字混响延时电路图如图 9－5 所示。电路的工作原理是：输入信号通过 22 脚与 23 脚组成的低通滤波器进行滤波，控制器发出取样信号，通过 20 脚与 21 脚组成的运放和内部比较器对输入信号进行采样、存储、A/D 和 D/A 转换、延时、低通滤波

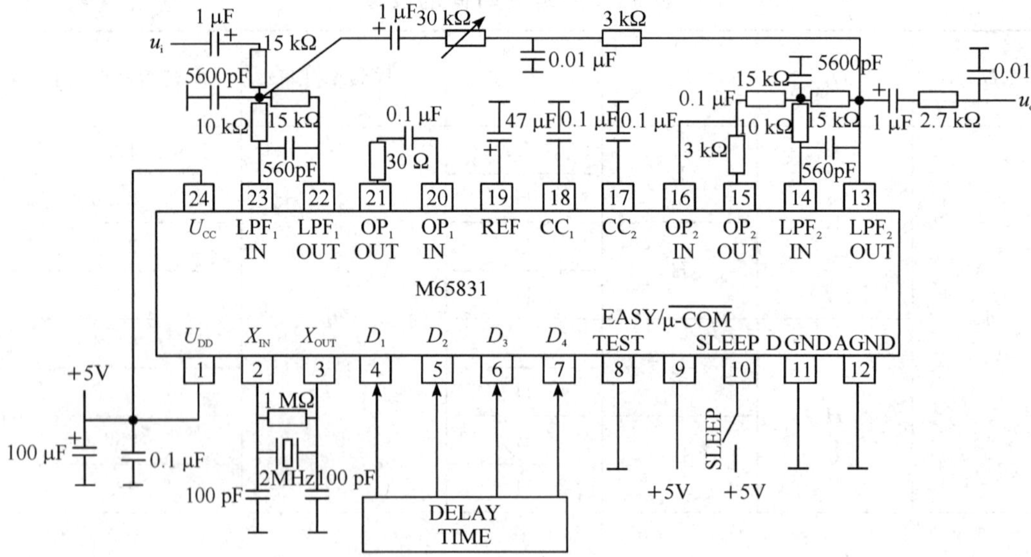

图 9－5 M65831 构成的数字混响延时电路图

后，经13脚输出延时信号。当9脚为高电平时，延时时间由开关控制；当9脚为低电平时，延时时间可由微机控制。10脚为低电平时，M65831芯片处于工作模式；10脚为高电平时，芯片处于睡眠模式，仅消耗14 mA的电流。

由于M65831只能用+5 V供电，一般模拟信号系统的电源电压均大于+5 V，所以M65831接入模拟系统时，一定要将模拟系统的电源电压转换为+5 V后才能给M65831供电。

3. 混合前置放大器

混合前置放大器的作用是将磁带放音机输出的音乐信号与电子混响后的声音信号混合放大，其电路图如图9-6所示。这是一个反相加法器电路，输出与输入电压间的关系为

$$u_o=\left(\frac{R_F}{R_1}u_1+\frac{R_F}{R_2}u_2\right) \tag{9-1}$$

式中，u_1 为电子混响延时器的输出电压；u_2 为放音机的输出电压。

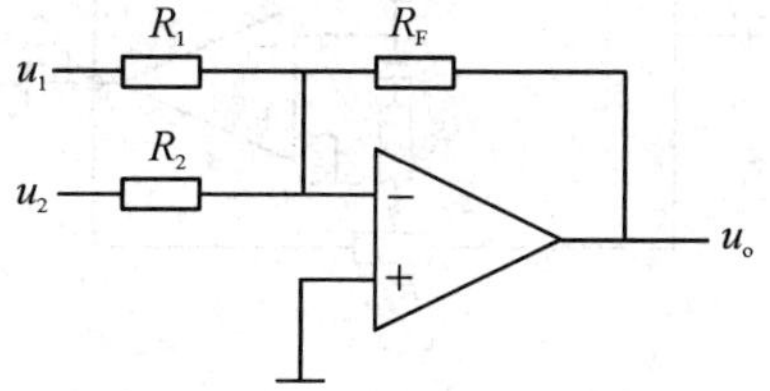

图9-6 混合前置放大器电路图

4. 音调控制器

音调控制器主要用于控制和调节音响放大器的幅频特性，理想的控制曲线如图9-7中折线所示。图中，f_0(1 kHz)表示中音频率，要求增益 $A_{V0}=0$ dB；f_{L1} 表示低音频转折(或截止)频率，一般为几十赫兹；$f_{L2}(10f_{L1})$表示低音频区的中音频转折频率；f_{H1} 表示高音频区的中音频转折频率；$f_{H2}(10f_{H1})$表示高音频转折频率，一般为几十千赫兹。

由图9-7可见，音调控制器只对低音频与高音频的增益进行提升与衰减，中音频的增益保持0 dB不变。因此音调控制器的电路可由低通滤波器与高通滤波器构成。由运放构成的音调控制器电路图如图9-8所示。这种电路调节方便，元器件较少，在一般收录机、音响放大器中应用较多。下面分析该电路的工作原理。

设电容 $C_1=C_2\gg C_3$，在中、低音频区，将 C_3 视为开路，在中、高音频区，将 C_1、C_2 视为短路。

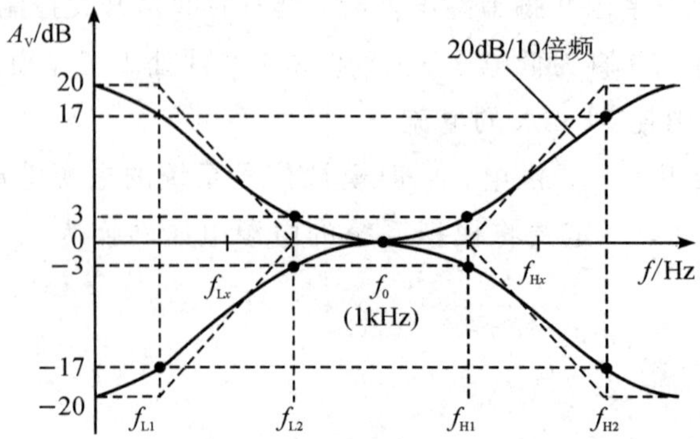

图 9－7　音调控制曲线

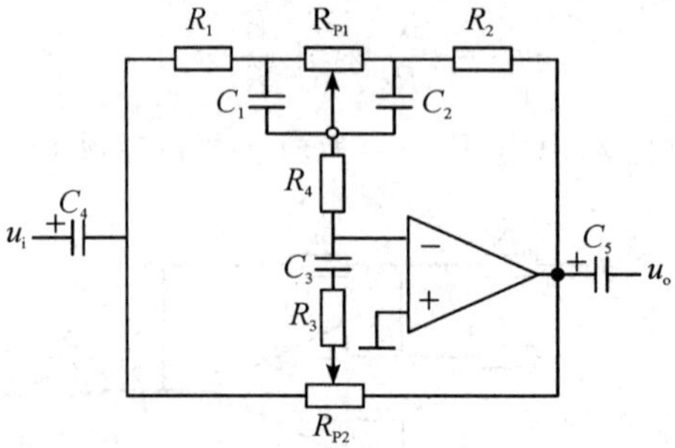

图 9－8　音调控制电路图

(1) 当 $f<f_0$ 时，音调控制器的低频等效电路图如图 9－9 所示。其中：图 9－9(a)所示为电位器 R_{P1} 的滑臂在最左端，对应于低频提升最大的情况；图 9－9(b)所示为电位器 R_{P1} 的滑臂在最右端，对应于低频衰减最大的情况。通过分析可知，图 9－9(a)所示电路是一个一阶有源低通滤波器，其增益函数的表达式为

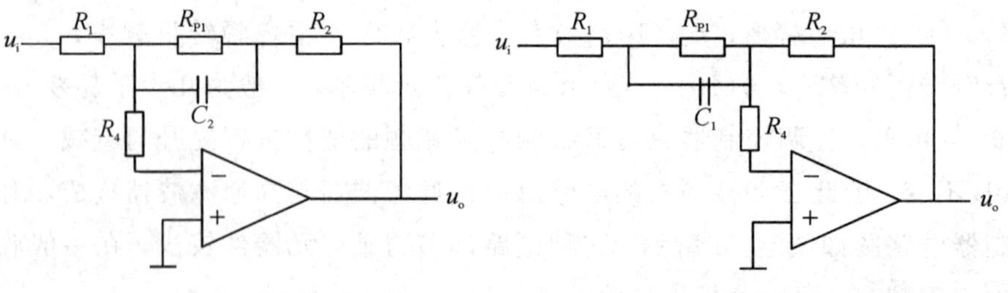

(a) 最大低频提升电路　　(b) 最大低频衰减电路

图 9－9　音调控制器的低频等效电路图

$$\dot{A}(\mathrm{j}\omega)=\frac{\dot{U}_\mathrm{o}}{\dot{U}_\mathrm{i}}=-\frac{R_{\mathrm{P1}}+R_2}{R_1}\cdot\frac{1+\frac{\mathrm{j}\omega}{\omega_2}}{1+\frac{\mathrm{j}\omega}{\omega_1}} \tag{9-2}$$

式中：

$$\omega_1=\frac{1}{R_{\mathrm{P1}}C_2}\qquad 或\qquad f_{\mathrm{L1}}=\frac{1}{2\pi R_{\mathrm{P1}}C_2} \tag{9-3}$$

$$\omega_2=\frac{R_{\mathrm{P1}}+R_2}{R_{\mathrm{P1}}R_2C_2}\qquad 或\qquad f_{\mathrm{L2}}=\frac{R_{\mathrm{P1}}+R_2}{2\pi R_{\mathrm{P1}}R_2C_2} \tag{9-4}$$

当 $f<f_{\mathrm{L1}}$ 时，将 C_2 视为开路，将运放的反向输入端视为虚地，R_4 的影响可以忽略，此时电压增益为

$$A_{\mathrm{VL}}=\frac{R_{\mathrm{P1}}+R_2}{R_1} \tag{9-5}$$

在 $f=f_{\mathrm{L1}}$ 时，因为 $f_{\mathrm{L2}}=10f_{\mathrm{L1}}$，故可由式(9-2)得

$$\dot{A}_{\mathrm{V1}}=-\frac{R_{\mathrm{P1}}+R_2}{R_1}\cdot\frac{1+0.1\mathrm{j}}{1+\mathrm{j}}$$

其模为

$$|A_{\mathrm{V1}}|=\frac{R_{\mathrm{P1}}+R_2}{\sqrt{2}R_1} \tag{9-6}$$

此时电压增益 A_{V1} 相对于 A_{VL} 下降 3 dB。

在 $f=f_{\mathrm{L2}}$ 时，由式(9-2)得

$$\dot{A}_{\mathrm{V2}}=-\frac{R_{\mathrm{P1}}+R_2}{R_1}\cdot\frac{1+\mathrm{j}}{1+10\mathrm{j}}$$

其模为

$$|\dot{A}_{\mathrm{V2}}|=-\frac{R_{\mathrm{P1}}+R_2}{R_1}\cdot\frac{\sqrt{2}}{10}=0.14A_{\mathrm{VL}} \tag{9-7}$$

此时电压增益相对 A_{VL} 下降 17 dB。

同理可以得出图 9-9(b)所示电路的相应表达式，其增益相对于中频增益为衰减量。音调控制器低频时的幅频特性曲线如图 9-7 中左半部分的实线所示。

(2) 当 $f>f_0$ 时，音调控制器的高频等效电路图如图 9-10 所示。此时可将 C_1、C_2 视为短路，R_4 与 R_1、R_2 组成星形连接，将其转换成三角形连接后的电路图如图 9-11 所示。

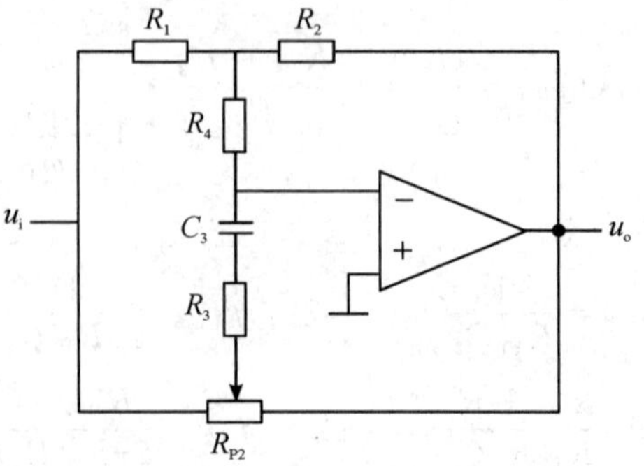

图 9-10 音调控制器的高频等效电路图

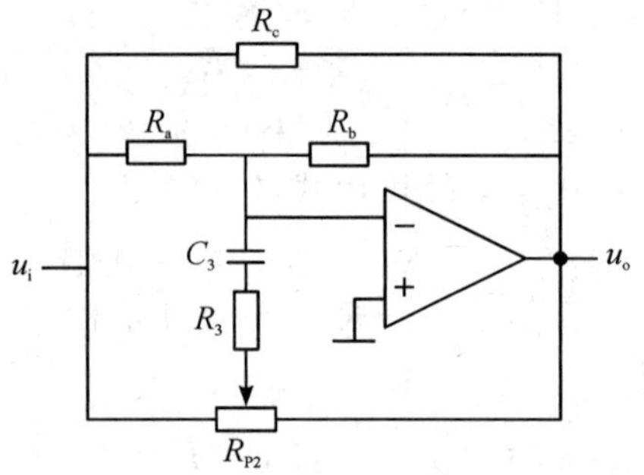

图 9-11 图 9-10 转换成三角形连接后的等效电路图

电阻的关系式为

$$\begin{cases} R_a = R_1 + R_4 + \dfrac{R_1 R_4}{R_2} \\ R_b = R_4 + R_2 + \dfrac{R_4 R_2}{R_1} \\ R_c = R_1 + R_2 + \dfrac{R_2 R_1}{R_4} \end{cases} \tag{9-8}$$

若取 $R_1 = R_2 = R_4$，则式(9-8)为

$$R_a = R_b = R_c = 3R_1 = 3R_2 = 3R_4 \tag{9-9}$$

图 9-11 所示电路的高频等效电路如图 9-12 所示。其中：图 9-12(a)所示为电位器 R_{P2} 的滑臂在最左端，对应于高频提升最大的情况；图 9-12(b)所示为电位器 R_{P2} 的滑臂在最右端，对应于高频衰减最大的情况。通过分析可知，图 9-12(a)所示电路为一阶有源高通滤波器，其增益函数的表达式为

$$\dot{A}(j\omega)=\frac{\dot{U}_o}{\dot{U}_i}=-\frac{R_b}{R_a}\cdot\frac{1+(j\omega)/\omega_3}{1+(j\omega)/\omega_4} \tag{9-10}$$

式中：

$$\omega_3=\frac{1}{(R_a+R_3)C_3} \quad 或 \quad f_{H1}=\frac{1}{2\pi(R_a+R_3)C_3} \tag{9-11}$$

$$\omega_4=\frac{1}{R_3C_3} \quad 或 \quad f_{H2}=\frac{1}{2\pi R_3C_3} \tag{9-12}$$

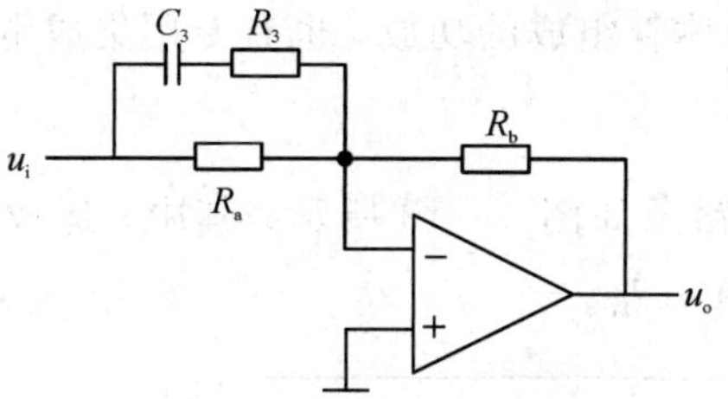

(a) 最大高频提升电路

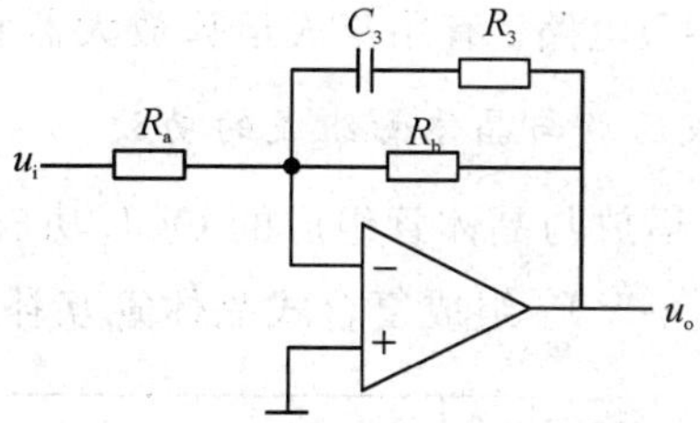

(b) 最大高频衰减电路

图 9-12　图 9-11 所示电路的高频等效电路图

用分析低频等效电路的方法得到下列关系式：

当 $f<f_{H1}$ 时，将 C_3 视为开路，此时电压增益为

$$A_{V0}=1\ (0\ \text{dB})$$

在 $f=f_{H1}$ 时，有

$$A_{V3}=\sqrt{2}A_{V0} \tag{9-13}$$

此时电压增益 A_{V3} 相对于 A_{V0} 提升了 3 dB。

在 $f=f_{H2}$ 时，有

$$A_{V4}=7A_{V0} \tag{9-14}$$

此时电压增益 A_{V4} 相对于 A_{V0} 提升了 14 dB。

当 $f>f_{H2}$ 时，将 C_3 视为短路，此时电压增益为

$$A_{VH}=\frac{R_b}{R_3 /\!/ R_a}=\frac{R_a+R_3}{R_3} \tag{9-15}$$

同理可以得出图 9-12(b)所示电路的相应表达式，其增益相对于中频增益为衰减量。音调控制器高频时的幅频特性曲线如图 9-7 中右半部分实线所示。

实际应用中，通常先提出低频区 f_{Lx} 处和高频区 f_{Hx} 处的提升量衰减量 x(dB)，再根据下式求转折频率 f_{L2}(或 f_{L1})和 f_{H1}(或 f_{H2})，即

$$f_{L2} = f_{Lx} \cdot 2^{x/6} \tag{9-16}$$

$$f_{H1} = f_{Hx} / 2^{x/6} \tag{9-17}$$

5. 功率放大器

功率放大器(简称功放)的作用是给音响放大器的负载 R_L(扬声器)提供一定的输出功率。当负载一定时，希望输出的功率尽可能大，输出信号的非线性失真尽可能地小，效率尽可能高。功放的常见电路形式有 OTL(Output Transformerless)电路和 OCL(Output Capacitorless)电路。有用集成运算放大器和晶体管组成的功放，也有专用集成电路功放。

1）集成运放与晶体管组成的功放

由集成运放与晶体管组成的 OCL 功放电路图如图 9-13 所示。其中，运放为驱动级，晶体管 $VT_1 \sim VT_4$ 组成复合式晶体管互补对称电路。

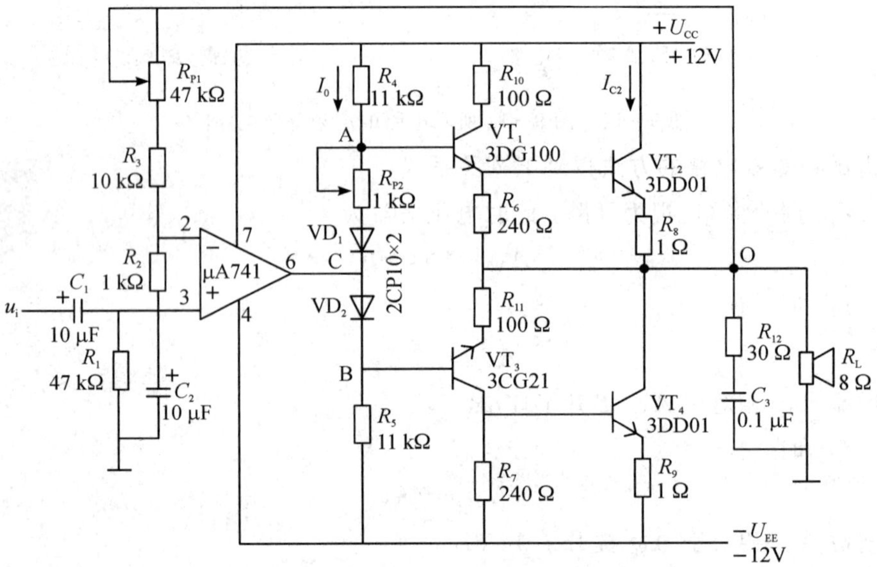

图 9-13 集成运放与晶体管组成的功放电路图

(1) 电路工作原理。

三极管 VT_1、VT_2 为相同类型的 NPN 管，所组成的复合管仍为 NPN 型。VT_3、VT_4 为不同类型的晶体管，所组成的复合管的导电极性由 VT_3 决定，即为 PNP 型。R_4、R_5、R_{P2} 及二极管 VD_1、VD_2 所组成的支路是两对复合管的基极偏置电路，静态时支路电流 I_0 可由下式计算：

$$I_0=\frac{U_{CC}-U_D}{R_4+R_5+R_{P2}} \tag{9-18}$$

式中，U_D 为二极管的正向压降。

为减小静态功耗和克服交越失真，静态时 VT_1、VT_3 应工作在微导通状态，即满足下列关系：

$$U_{AB}\approx U_{VD_1}+U_{VD_2}\approx U_{BE1}+U_{BE3} \tag{9-19}$$

此状态称为甲乙类状态。二极管 VD_1、VD_2 与三极管 VT_1、VT_3 应为相同类型的半导体材料，如果 VD_1、VD_2 为硅二极管 2CP10，则 VT_1、VT_3 也应为硅三极管。电位器 R_{P2} 用于调整复合管的微导通状态，其调节范围不能太大，一般采用几百欧姆或 1 kΩ 电位器(最好采用精密可调电位器)。安装电路时首先应使 R_{P2} 的阻值为 0，在调整输出级静态工作电流或输出波形的交越失真时再逐渐增大阻值，否则会因 R_{P2} 的阻值较大而使复合管损坏。

R_6、R_7 用于减小复合管的穿透电流，提高电路的稳定性，一般阻值为几十欧姆至几百欧姆。R_8、R_9 为负反馈电阻，可以改善功放的性能，一般为几欧姆。R_{10}、R_{11} 为平衡电阻，可使 VT_1、VT_3 的输出对称，一般为几十欧姆至几百欧姆。R_{12}、C_3 称为消振网络，可改善负载为扬声器时的高频特性。因扬声器呈感性，易引起高频自激，故并入容性网络可使等效负载呈阻性。此外，感性负载易产生瞬时过压，有可能损坏晶体三极管 VT_2、VT_4。R_{12}、C_3 的取值视扬声器的频率响应而定。一般 R_{12} 为几十欧姆，C_3 为几千皮法至 0.1 μF。

功放在交流信号输入时的工作过程如下：

当音频信号 u_i 为正半周时，运放的输出电压 u_C 上升，u_B 亦上升，结果 VT_3、VT_4 截止，VT_1、VT_2 导通，负载 R_L 中只有正向电流 i_L 且随 u_i 的负向增加而增加。只有当 u_i 变化一周时负载 R_L 才可获得一个完整的交流信号。

(2) 设置静态工作点。

设电路参数完全对称。静态时功放的输出端 O 点对地的电位应为 0，即 $U_O=0$，常称 O 点为“交流零点”。电阻 R_1 接地，一方面决定了同相放大器的输入电阻，另一方面保证了静态时同相端电位为 0，即 $U_+=0$。由于运放的反相端经 R_3、R_{P1} 接交流零点，所以 $U_-=0$。静态时运放的输出 $U_C=0$。调节电位器 R_{P1} 可改变功放的负反馈深度。电路的静态工作点主要由 I_0 决定，I_0 过小会使晶体管 VT_2、VT_4 工作在乙类状态，输出信号会出现交越失真，I_0 过大会增加静态功耗，使功放的效率降低。综合考虑，对于数瓦的功放，一般取 $I_0=1\sim3$ mA，以使 VT_2、VT_4 工作在甲乙类状态。

(3) 设计举例。

[例 9-1] 设计一功放。已知条件 $R_L=8\ \Omega$，$U_i=200$ mV，$U_{CC}=+12$ V，$U_{EE}=-12$ V。

性能指标要求：$P_O \geqslant 2$ W，$\gamma < 3\%$(1 kHz 正弦波)。

解 采用如图 9-13 所示电路，集成运放用 μA741。功放的电压增益为

$$\dot{A}_V = \frac{\dot{U}_O}{\dot{U}_i} = \frac{\sqrt{P_O R_L}}{U_i} = 1 + \frac{R_3 + R_{P1}}{R_2} \tag{9-20}$$

若取 $R_2 = 1$ kΩ，则 $R_3 + R_{P1} = 19$ kΩ。现取 $R_3 = 10$ kΩ，将 R_{P1} 阻值调节到 9 kΩ。

如果功放级前级是音量控制电位器，则取 $R_1 = 47$ kΩ 以保证功放级的输入阻抗远大于前级的输出阻抗。

若取静态电流 $I_0 = 1$ mA，因静态时 $U_C = 0$ V，由式(9-18)可得

$$I_0 \approx \frac{U_{CC} - U_D}{R_4 + R_{P2}} = \frac{12\text{V} - 0.7\text{V}}{R_4} \quad (\text{设 } R_{P2} \approx 0)$$

则 $R_4 = 11.3$ kΩ，取标称值 11 kΩ。其他元件参数的取值如图 9-13 所示。

2) 集成功放 LA4102

(1) 内部结构。

图 9-14 所示为 LA4102 的内部电路图。此集成功放既可以采用单电源供电方式，也可以采用正负双电源供电方式(3 脚接负电源)。

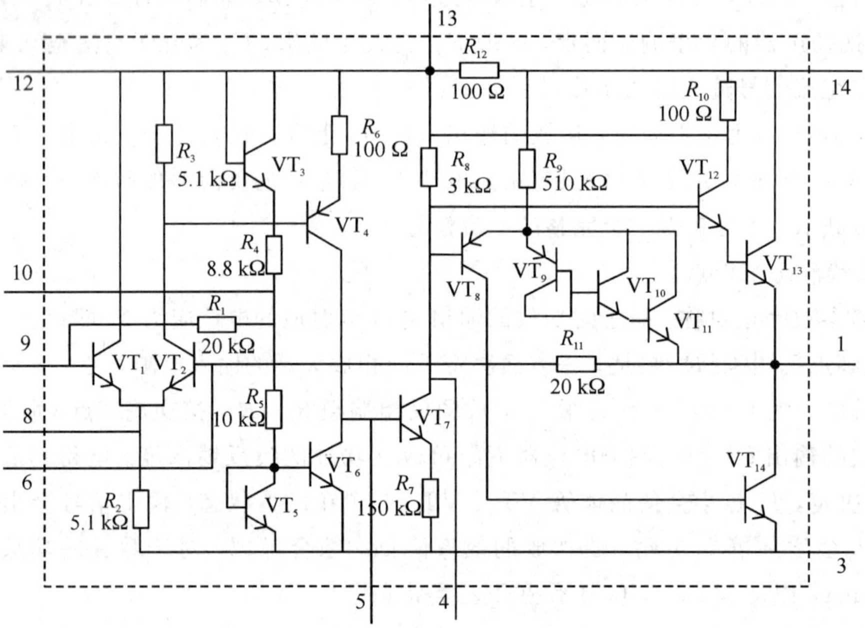

图 9-14 LA4102 集成功放的内部电路图

（2）典型应用。

将 LA4102 接成 OTL 形式的电路，如图 9－15 所示。

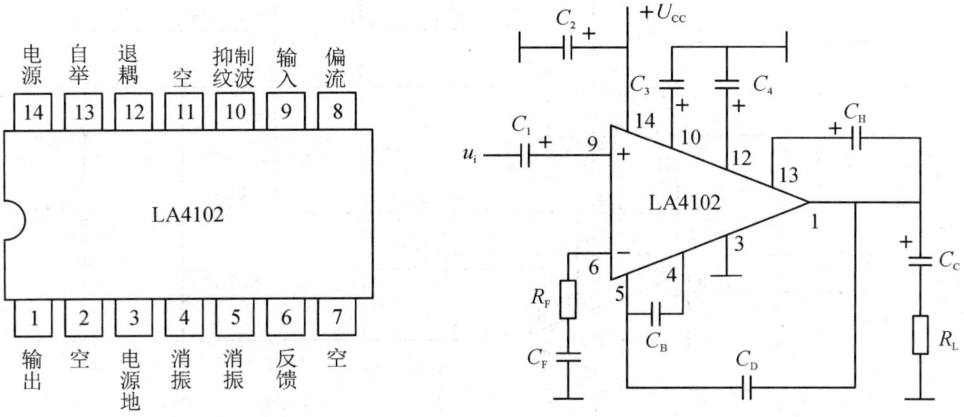

图 9－15 LA4102 接成 OTL 电路

LA4102 外部元器件的作用如下：

（1）R_F、C_F 与内部电阻 R_{11} 组成交流负反馈支路，控制功放级的电压增益 A_{VF}，即

$$A_{VF}=1+\frac{R_{11}}{R_F}\approx\frac{R_{11}}{R_F} \tag{9-21}$$

（2）C_B 为相位补偿电容。C_B 减小，带宽增加，可消除高频自激。C_B 一般取几十皮法至几百皮法。

（3）C_C 为 OTL 电路的输出端电容，两端的充电电压等于 $U_{CC}/2$，C_C 一般采用耐压值远大于 $U_{CC}/2$ 的容值为几百微法的电容。

（4）C_D 为反馈电容，用于消除自激振荡，C_D 一般取几百皮法。

（5）C_H 为自举电容，使复合管 VT_{12}、VT_{13} 的导通电流不随输出电压的升高而减小。

（6）C_3、C_4 可滤除纹波，一般取几十微法至几百微法。

（7）C_2 为电源退耦滤波，可消除低频自激。

由两片 LA4102 接成的 BTL(Balanced Transformerless)功放电路图如图 9－16 所示。输入信号 u_i 经 LA4102(1)放大后，获得同相输出电压 u_{o1}，其电压增益 $A_{V1}\approx R_{11}/R_{F1}$(40 dB)。

u_{o1} 经外部电阻 R_1、R_{F2} 分压加到 LA4102(2)的反相输入端，衰减量为 $R_{F2}/(R_1+R_{F2})$ (－40 dB)，这样两个功放的输入信号大小相等、方向相同。如果使 LA4102(2)的电压增益 $A_{V2}=(R_2/\!/R_{11})/R_{F2}\approx A_{V1}$，则两个功放的输出电压 u_{o2} 与 u_{o1} 大小相等、方向相反，因而

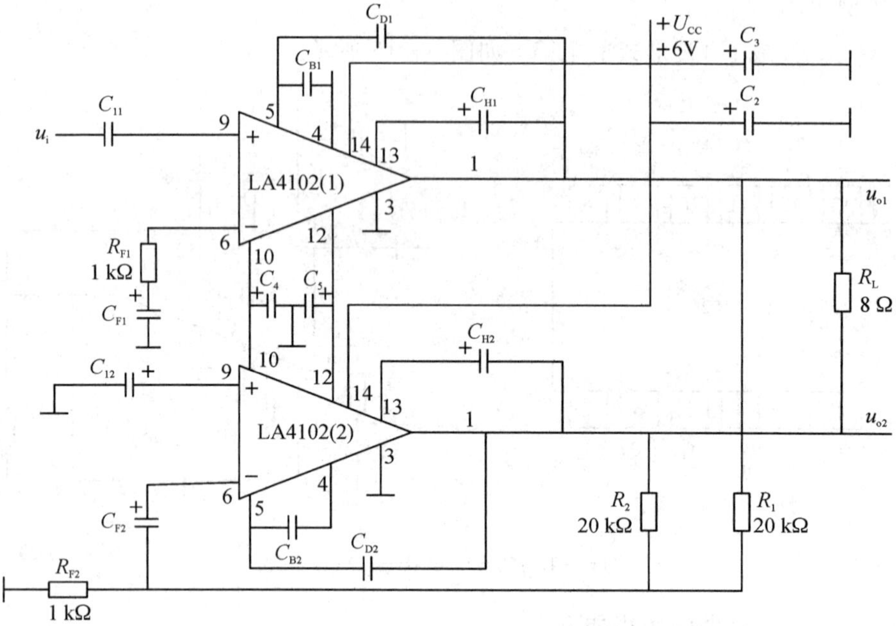

图 9-16 LA4102 接成 BTL 功放电路图

R_L 两端的电压 $U_L=2U_{o1}$，输出功率 $P_L=(2U_L)/R_L=4U_{o1}/R_L$。可见，接成 BTL 电路形式后，输出功率在理论上比 OTL 电路的功率要增加 4 倍。由于电路不完全对称，实际上获得的输出功率只有 OTL 电路的 2～3 倍。双声道集成功放(如 LA4182)的内部就有两个完全相同的集成功放，可以接成 BTL 电路形式。BTL 电路的优点是在较低的电源电压下，能获得较大的输出功率。

对于 BTL 电路，负载的任何一端都不能与公共地线短接，否则会烧坏功放。图9-16 中其他元件的参数与 OTL 电路的完全相同。

3）集成功放 LM386

(1) 内部结构。

集成功放 LM386 是一个单电源供电的音频功放，外部封装为 8 个引脚，其内部电路图如图 9-17 所示。通过改变引脚 1 和 8 之间的外部连接电阻和电容，就可以改变放大器的增益。表 9-4 列出了 LM386 的主要性能参数。

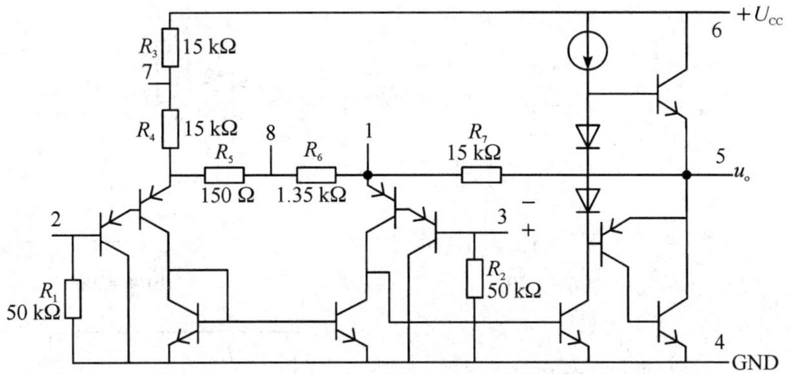

图 9－17　LM386 的内部电路图

表 9－4　LM386 的主要性能参数

参　数	测 试 条 件	典型值
电源电压 U_{CC}(LM386N3，LM386N-4)	—	4～12 V 5～18 V
静态电流 I_q	$U_{CC}=6$ V，$U_i=0$ V	4 mA
输出功率 P_o(LM386N3，LM386N-4)	$U_{CC}=9$ V，$R_L=8$ Ω $U_{CC}=12$ V，$R_L=32$ Ω	700 mW 1000 mW
电压增益 A_V	$U_{CC}=6$ V，$f=1$ kHz，1 和 8 脚间开路 1 和 8 间接 10 μF 电容	20(26)dB 200(46)dB
带宽 BW	$U_{CC}=6$ V，1 和 8 脚开路	300 kHz
输入电阻 R_i	—	50 kΩ

(2) 典型应用。

LM386 的外部连接元器件较少，它在 AM-FM 收音机、视频系统、功率变换等场合获得了广泛应用。图 9－18(a)所示为电压增益 $A_V=20$ 时的功放电路，图 9－18(b)所示为电压增益 $A_V=200$ 时的功放，图 9－18(c)所示为电压增益 $A_V=50$ 时的功放。应用中如果出现高频自激，则可以在电源端与地之间接并联电容 100 μF 和 0.01 μF。图 9－18(d)所示为频率等于 1 kHz 的方波发生器。

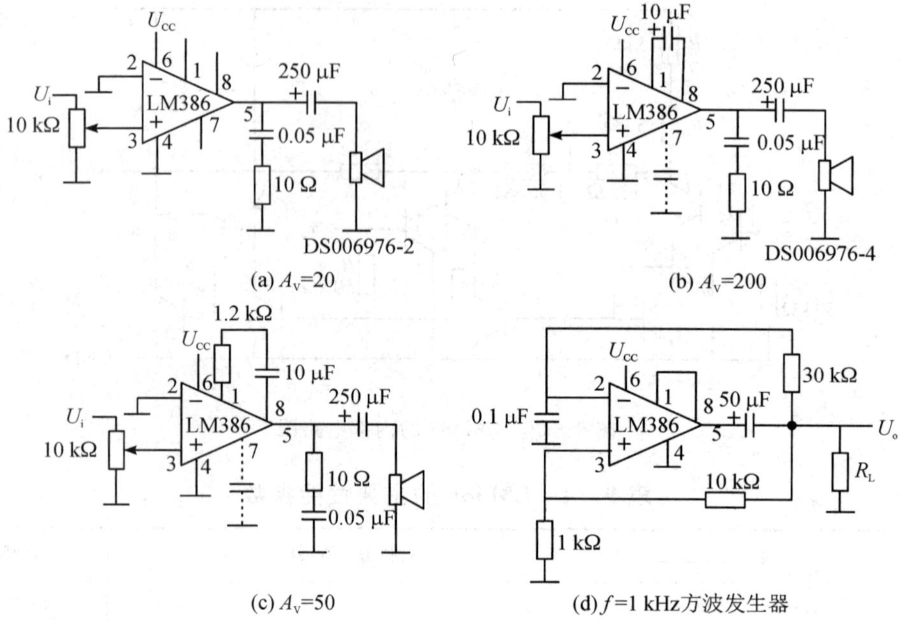

图 9-18　LM386 的应用电路图

9.2　音响放大器的主要技术指标及测试方法

1. 额定功率

音响放大器输出失真度小于某一数值（如 $\gamma<5\%$）时的最大功率称为额定功率。其表达式为

$$P_o=\frac{U_o^2}{R_L} \tag{9-22}$$

式中：R_L 为额定负载阻抗；U_o（有效值）为 R_L 两端的最大不失真电压。常根据 U_o 选定电源电压 U_{CC}（$U_{CC}\geqslant 2U_o$）。

测量 P_o 的条件是：信号发生器输出信号（音响放大器的输入信号）的频率 $f_i=1$ kHz，电压 $U_i=5$ mV。音调控制器的两个电位器 R_{P1}、R_{P2} 的滑臂置于中间位置，音量控制电位器置于最大值，用双踪示波器观测信号 u_i 及 u_o 的波形，用失真度测量仪监测 u_o 的波形失真。

测量 P_o 的步骤是：功率放大器的输出端接额定负载电阻 R_L(代替扬声器)，逐渐增大输入电压 u_i，直到 u_o 的波形刚好不出现削波失真(或 $\gamma<5\%$)，此时对应的输出电压为最大输出电压，由式(9－22)即可算出额定功率 P_o。

注意：在测量完最大输出电压后应迅速减小 U_i，否则会损坏功放。

2. 音调控制特性

测量音调控制特性时，输入信号 u_i(mV)从音调控制级输入端的耦合电容加入，输出信号 u_o 从输出端的耦合电容引出。分别测量低频提升-高频衰减和低频衰减-高频提升这两条曲线。测量方法如下：将电位器 R_{P1} 的滑臂置于最左端（高频衰减)，当频率从 20 Hz 至 50 kHz 变化时，记下对应的电压增益，将测量数据填入表 9－5 中；再将 R_{P1} 的滑臂置于最右端（低频衰减)，R_{P2} 的滑臂置于最左端(高频提升)，当频率从 20 Hz 至 50 kHz 变化时，记下对应的电压增益，将测量数据填入表 9－5 中，最后绘制音调控制特性曲线，并标注与 f_{L1}、f_{Lx}、f_{L2}、f_0(1 kHz)、f_{H1}、f_{Hx}、f_{H2} 等对应的电压增益。

表 9－5　音调控制特性曲线测量数据

测量频率点		$<f_{L1}$	f_{L1}	f_{Lx}	f_{L2}	f_0	f_{H1}	f_{Hx}	f_{H2}	$>f_{H2}$
$U_i=100$ mV		20 Hz				1 kHz				50 kHz
低频提升 高频衰减	U_o/V									
	A_V/dB									
低频衰减 高频提升	U_o/V									
	A_V/dB									

3. 频率响应

放大器的电压增益相对于中音频 f_0(1 kHz)的电压增益下降 3 dB 时，其对应的低音频截止频率为 f_L，高音频截止频率为 f_H，称 $f_L \sim f_H$ 为放大器的频率响应。测量频率响应的条件与额定功率的测量条件相同，调节 R_{P3} 使输出电压约为最大输出电压的 50%。测频率响应的步骤是：音响放大器的输入端接 u_i(5 mV)，将电位器 R_{P1} 和 R_{P2} 的滑臂置于最左端，使信号发生器输出信号的频率 f_i 从 20 Hz 至 50 kHz 变化(保持 $U_i=5$ mV 不变)，测

出负载电阻 R_L 上对应的输出电压 U_o，用半对数坐标纸绘出频率响应曲线，并在曲线上标注 f_L 与 f_H 值。

4. 输入阻抗

从音响放大器输入端(话音放大器输入端)看进去的阻抗称为输入阻抗 R_i。如果接高阻话筒，则 R_i 应远大于 20 kΩ；如果接电唱机，则 R_i 应远大于 500 kΩ。R_i 的测量方法与放大器输入阻抗的测量方法相同。

注意：测量仪表的内阻要远大于 R_i。

5. 输入灵敏度

音响放大器输出额定功率时所需的输入电压(有效值)称为输入灵敏度 U_s。其测量条件与额定功率的测量条件相同，测量方法是：使 U_i 从零开始逐渐增大，直到 U_o 达到额定功率值时所对应的电压 U_i 的值即为输入灵敏度。

6. 噪声电压

音响放大器的输入为零时，输出负载 R_L 上的电压称为噪声电压 U_N。其测量条件与额定功率的测量条件相同，测量方法是：使音响放大器输入端对地短路，音量电位器置于最大值，用示波器观测输出负载 R_L 两端的电压波形，用交流毫伏表测量其有效值。

7. 整机效率

整机效率的计算公式为

$$\eta=\frac{P_o}{P_c}\times 100\% \qquad (9-23)$$

式中，P_o 为输出的额定功率，P_c 为输出额定功率时所消耗的电源功率。

9.3 音响放大器电路设计、装配与调试

1. 电路设计方法

设计一音响放大器，要求具有混响延时、音调输出控制、卡拉 OK 伴唱等功能，对话筒

与录音机的输出信号进行扩音。

1）已知条件

电源电压 $+U_{CC}$ 为 $+9$ V，话筒（低阻 20 Ω）的输出电压为 5 mV，录音机的输出信号电压为 100 mV。所需设备：1 片电子混响延时模块，1 片集成功放 LA4102，1 只 8 Ω/2W 负载电阻 R_L，1 只 8 Ω/4 W 扬声器，1 片集成运放 LM324（或 3 片 μA741）。

2）主要技术指标

额定功率 $P_o \geqslant 1$ W，$\gamma < 3\%$；负载阻抗 $R_L = 8$ Ω；截止频率 $f_L = 40$ Hz，$f_H = 10$ kHz；音调控制特性 1 kHz 处增益为 0 dB，100 Hz 和 10 kHz 处有 ±12 dB 的调节范围，$A_{VL} = A_{VH} \geqslant 20$ dB；话音放大级输入灵敏度为 5 mV；输入阻抗 $R_i = 20$ Ω。

3）设计过程

首先确定整机电路的级数，再根据各级的功能及技术指标要求分配电压增益，然后分别计算各级电路参数，通常从功放级开始向前级逐级计算。已知条件中已经给定了电子混响器电路模块，需要设计话音放大器、混合前置放大器、音调控制器及功率放大器。根据技术指标要求，音响放大器的输入为 5 mV 时，输出功率大于 1 W，则输出电压 $U_o > 2.8$ V。可见，系统的总电压增益 $A_V = \frac{U_o}{U_i} > 560$ 倍（55.5 dB）。实际电路中会有损耗，因此要留有充分余地。设各级电压增益分配如图 9－19 所示。A_{V4} 由集成功放级决定，此级增益不宜太大，一般为几十倍。音调控制级在 $f_0 = 1$ kHz 时增益为 1 倍（0 dB），实际会产生衰减，故取 $A_{V3} = 0.8$ 倍（-2 dB）。受运放增益带宽积的限制，话放级与混合放大级若采用 μA741，其增益也不宜太大。

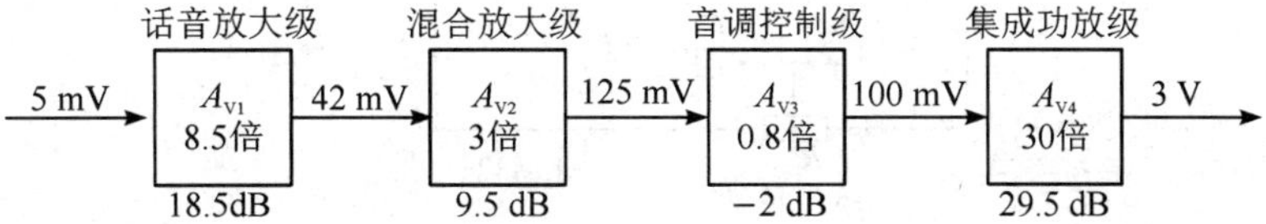

图 9－19　各级电压增益分配

（1）功率放大器设计。

集成功率放大器电路图如图 9－20 所示。由式（9－5）得功放级的电压增益 $A_{V4} \approx R_{11}/R_F = 33$。如果出现高频自激（输出波形上叠加有毛刺），则可以在 13 脚与 14 脚之间加 0.15 μF 的电容，或减小 C_D 的值。

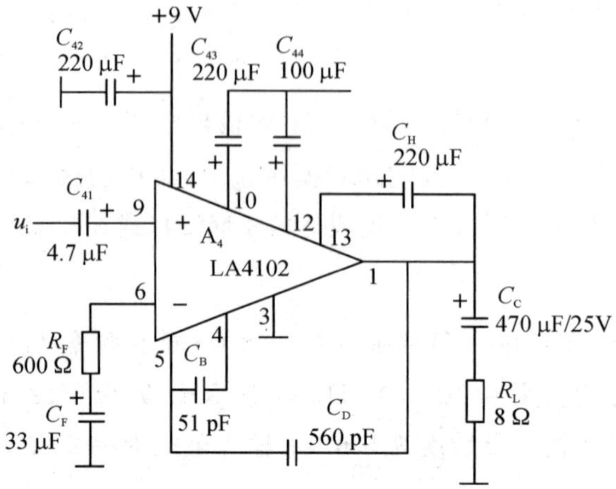

图 9－20　功率放大器电路图

(2) 音调控制器(含音量控制)设计。

音调控制器电路图如图 9－21 所示。其中，R_{P33} 为音量控制电位器，其滑臂在最上端时，音响放大器输出最大功率。

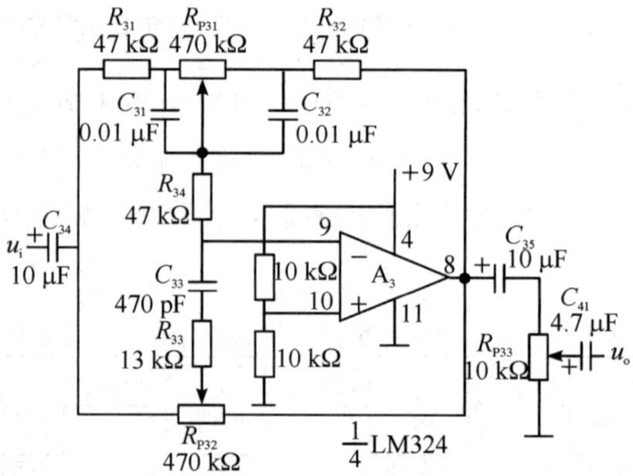

图 9－21　音调控制器电路图

已知 $f_{Lx}=100$ Hz，$f_{Hx}=10$ kHz，$x=12$ dB。由式(9－16)、式(9－17)得到转折频率 f_{L2} 及 f_{H1}；$f_{L2}=f_{Lx}\cdot 2^{x/6}=400$ Hz，则 $f_{L1}=f_{L2}/10=40$ Hz；$f_{H1}=f_{Hx}/2=2.5$ kHz，则 $f_{H2}=10f_{H1}=25$ kHz。

由式(9－5)得 $A_{VL}=(R_{P31}+R_{32})/R_{31}\geqslant 20$ dB。其中，R_{31}、R_{32}、R_{P31} 阻值不能太大，否则运放漂移电流的影响不可忽略；但也不能太小，否则流过它们的电流将超出运放的输出能力。

它们的值一般为几千欧姆至几百千欧姆。现取 $R_{P31}=470\ \text{k}\Omega$，$R_{31}=R_{32}=47\ \text{k}\Omega$，则

$$A_{VL}=\frac{R_{P31}+R_{32}}{R_{31}}=11\ (20.8\ \text{dB})$$

由式(9 - 3)得

$$C_{32}=\frac{1}{2\pi R_{P31}f_{L1}}=0.008\ \mu\text{F}$$

取标称值 0.01 μF，即

$$C_{31}=C_{32}=0.01\ \mu\text{F}$$

由式(9 - 9)得 $R_{34}=R_{31}=R_{32}=47\ \text{k}\Omega$，则 $R_a=3R_{31}=141\ \text{k}\Omega$，$R_{33}=\frac{R_a}{10}=14.1\ \text{k}\Omega$，取标称值为 13 kΩ。

由式(9 - 12)得

$$C_{33}=\frac{1}{2\pi R_{33}f_{H2}}=490\ \text{pF}$$

取标称值为 470 pF。

取 $R_{P32}=R_{P31}=470\ \text{k}\Omega$，$R_{P33}=10\ \text{k}\Omega$，级间耦合与隔直电容 $C_{34}=C_{35}=10\ \mu\text{F}$。

(3) 话音放大器与混合前置放大器设计。

图 9 - 22 所示电路由话音放大器与混合前置放大器两级电路组成，其中 A_1 组成同相放大器，具有很高的输入阻抗，能与高阻话筒配接作为话音放大器电路，其放大倍数为

$$A_{V1}=1+\frac{R_{12}}{R_{11}}=8.5\quad(18.5\text{dB})$$

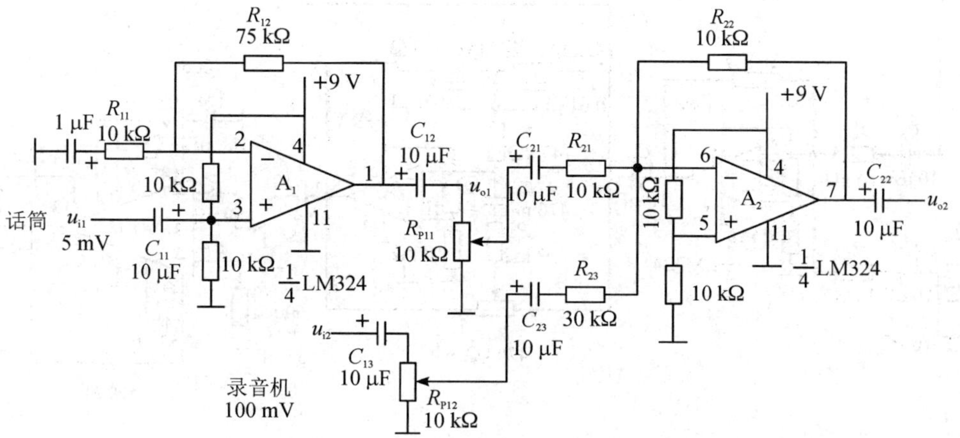

图 9 - 22 话音放大器与混合前置放大器电路图

运放 LM324 的频带虽然很窄(增益为 1 时，带宽为 1 MHz)，但这里放大倍数不高，故能达到 $f_H=10$ kHz 的频响要求。

混合前置放大器电路由运放 A_2 组成，这是一个反向加法器电路，由式(9－1)得输出电压 U_{o2} 的表达式为

$$U_{o2}=-\left[\left(\frac{R_{22}}{R_{21}}\right)U_{o1}+\left(\frac{R_{22}}{R_{23}}\right)U_{i2}\right]$$

根据图 9－19 所示的增益分配，混合放大级的输出电压 $U_{o2}\geqslant 125$ mV，而话音放大器的输出 U_{o1} 已经达到了 42 mV，放大 3 倍就能满足要求。录音机的输入信号 $u_{i2}=100$ mV，已基本达到 u_{o2} 的要求，不需要再进行放大。所以，取 $R_{23}=R_{22}=3R_{21}=30$ kΩ，可使话筒与录音机的输出经混合放大级后输出相等。如果要进行卡拉 OK 唱歌，则可在话音放大器输出端及录音机输出端接两个音量控制电位器 R_{P11}、R_{P12}(见图 9－22)，分别控制声音的音量。

以上各单元电路的设计值还需要通过实验调整和修改，特别是在进行整机调试时，由于各级之间相互影响，有些参数可能要进行较大变动，待整机调试完成后，再画出整机电路图，音响放大器整机实训电路图如图 9－23 所示。

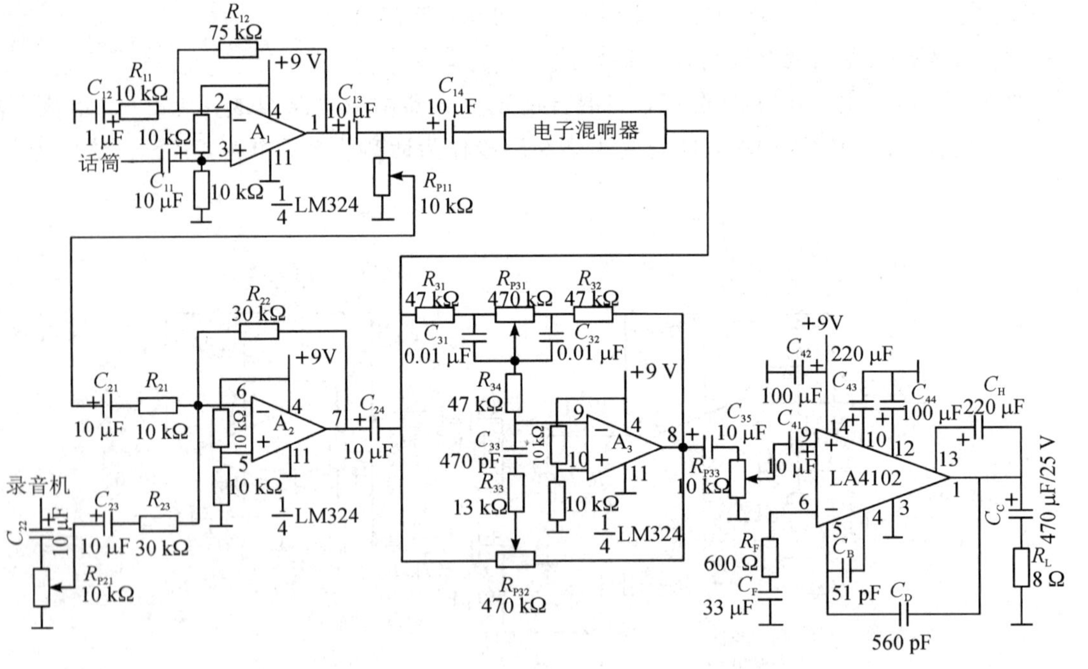

图 9－23　音响放大器整机实训电路图

2. 电路安装与调试技术

1）电路安装要求

音响放大器是一个小型电路系统，安装前要对整机线路进行合理布局，一般按照电路的顺序一级一级地布线，功率放大级应远离输入级，每一级的地线尽量接在一起，连线尽可能短，否则很容易产生自激。

安装前应检查元器件的质量，安装时要特别注意功放、运放、电解电容等主要器件的引脚和极性，不能接错。可以从输入级开始向后逐级安装，也可以从功率放大级开始向前逐级安装。安装一级调试一级，每安装两级要进行一次级联调试，直到整机安装与调试完成。

2）电路调试技术

电路的调试过程一般是先分级调试，再级联调试，最后进行整机调试与性能指标测试。分级调试又分为静态调试与动态调试。静态调试时，将输入端对地短路，用万用表测该级输出端对地的直流电压。话音放大级、混合放大级、音调控制级电路都是由运放组成的，其静态输出直流电压均为 $U_{CC}/2$，功率放大级的输出（OTL 电路）也为 $U_{CC}/2$，且输出电容 C_C 两端的充电电压也应为 $U_{CC}/2$。动态调试是指给输入端接入规定的信号，用示波器观测该级输出波形，并测量各项性能指标是否满足要求，如果相差很大，则应检查电路是否接错，元器件的值是否符合要求。

调试单级电路的技术指标比较容易满足要求，但进行级联时，由于级间相互影响，可能使单级的技术指标发生很大变化，甚至两级不能进行级联。产生这种情况的主要原因有二：一是布线不太合理，形成级间交叉耦合，应考虑新布线；二是级联后各级电流都要流经电源内阻，内阻压降对某一级可能形成正反馈，应接 RC 去耦滤波电路。R 一般取几十欧姆，C 一般用几百微法大电容与 0.1 μF 小电容相关联。功率放大级输出信号较大，容易对前级产生影响，引起自激。集成块内部电路多极点引起的正反馈易产生高频自激，常见高频自激现象如图 9－24 所示。可以加强外部电路的负反馈来抵消高频自激，如功率放大器 1 脚与 5 脚之间接入几百皮法的电容，形成电压并联负反馈，可消除叠加的高频毛刺。常见的低频自激现象是电源电流表有规则地左右摆动，或输出波形上下抖动。产生的主要原因是输出信号通过电源及地线产生了正反馈。可以通过接入 RC 去耦滤波电路来消除低频自激。为满足整机电路指标要求，可以适当修改单元电路的技术指标。与单元电路设计值相比，图 9－23 所示整机实训电路有些参数有较大的修改。

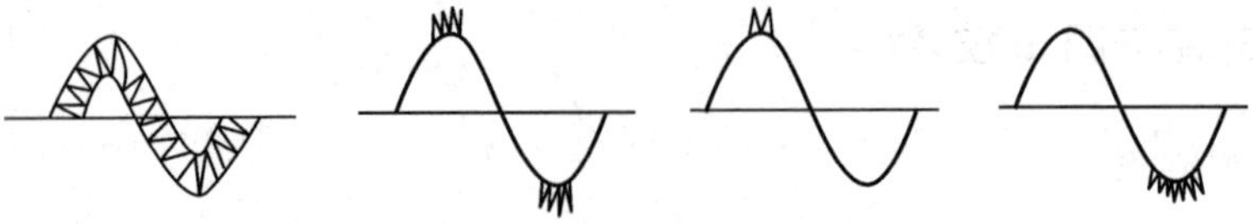

图 9-24 常见高频自激现象

3）整机功能测试

用 8 Ω/4 W 的扬声器代替负载电阻 R_L，可进行以下功能测试。

（1）话音扩音。将低阻话筒接话音放大器的输入端。应注意扬声器输出的方向与话筒输入的方向相反，否则扬声器的输出声音经话筒输入后，会产生自激啸叫。讲话时扬声器传出的声音应清晰，改变音量电位器，可控制声音大小。

（2）电子混响效果。将电子混响器模块按图 9-23 所示接入。用手轻拍话筒一次，扬声器发出多次重复的声音，微调时钟频率，可以改变混响延时时间，以改善混响效果。

（3）音乐欣赏。将录音机输出的音乐信号接入混合前置放大器，改变音调控制级的高低音调控制电位器，扬声器的输出音调发生明显变化。

（4）卡拉 OK 伴唱。录音机输出卡拉 OK 磁带歌曲，手握话筒伴随歌曲唱歌，适当改变话音放大器与录音机输出的音量电位器，可以控制唱歌音量与音乐音量之间的比例，调节混响延时时间可修饰、改善唱歌的声音。

小 结

本项目主要介绍了下列概念及相关知识：

（1）音响放大器由话音放大器、电子混响延时器、混合前置放大器、音调控制器和功率放大器等组成。

（2）电子混响延时器用电路模拟声音的多次反射，产生混响效果，使声音听起来具有一定深度感和空间立体感。

（3）音调控制器主要用于控制、调节音响放大器的幅频特性。

（4）功率放大器的作用是给音响放大器的负载提供一定的输出功率。

习　题

1. 集成功率放大器的电压增益与哪些因素有关？为什么在 LA4102 的 5 脚与 1 脚间接入几百皮法的电容可以消除自激？

2. 集成功放接成 OTL 电路时，输出电容 C_C 有何作用？自举电容 C_H 有何作用？电容 C_B 对频带的扩展范围有多大？

项目 10

函数发生器实训

实训目标

（1）掌握函数发生器的基本组成。

（2）掌握函数发生器的工作原理

（3）了解函数发生器的性能指标。

（4）掌握函数发生器的电路设计、安装与调试方法。

（5）理解教育、科技、人才在全面建设社会主义现代化国家过程中的基础性、战略性支撑作用。

10.1 方波、三角波、正弦波函数发生器

函数发生器能自动产生正弦波、三角波、方波及锯齿波等电压波形。其电路中使用的器件可以是分立器件(如低频信号函数发生器 S101 全部采用晶体管)，也可以是集成电路(如单片集成电路函数发生器 ICL8038)。本节主要介绍由集成运算放大器与晶体管差分放大器组成的方波-三角波-正弦波函数发生器的设计方法。

产生正弦波、方波、三角波的方案有多种，可以先产生正弦波，然后通过整形电路将正弦波变换成方波，再由积分电路将方波变换成三角波；也可以先产生方波-三角波，再将三角波变换成正弦波或将方波变换成正弦波。本节介绍先产生方波-三角波，再将三角波变换成正弦波的电路设计方法。其电路组成框图如图 10-1 所示。

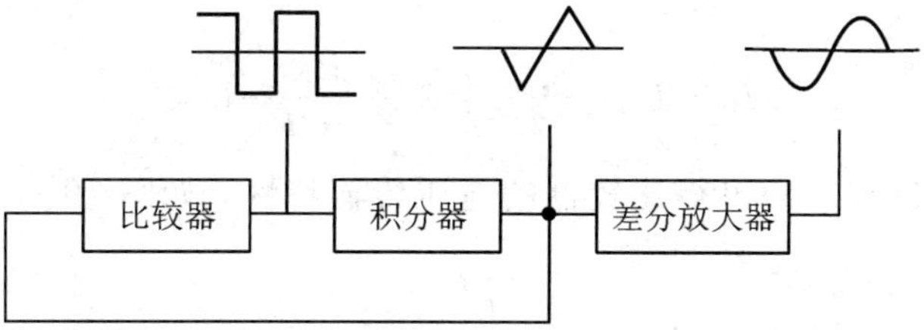

图 10－1　函数发生器组成框图

1. 方波-三角波产生电路

图 10－2 所示电路能自动产生方波-三角波。

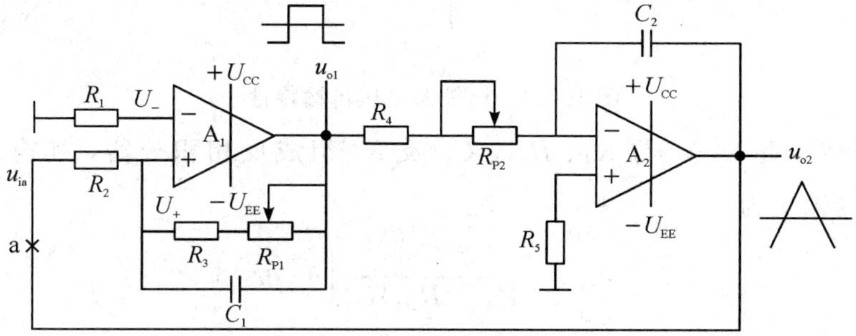

图 10－2　方波-三角波产生电路

方波-三角波产生电路的工作原理是：若 a 点断开，则运放 A_1 与 R_1、R_2、R_3、R_{P1} 组成电压比较器，R_1 称为平衡电阻，C_1 称为加速电容，可加速比较器的翻转，运放的反相端接基准电压，即 $U_-=0$，同相端接输入电压 U_{ia}；比较器的输出 U_{o1} 的高电平等于正电源电压 $+U_{CC}$，低电平等于负电源电压 $-U_{EE}$($|+U_{CC}|=|-U_{EE}|$)，当比较器的 $U_+=U_-=0$ 时，比较器翻转，输出 U_{o1} 从高电平 $+U_{CC}$ 跳到低电平 $-U_{EE}$，或从低电平 $-U_{EE}$ 跳到高电平 $+U_{CC}$。设 $U_{o1}=+U_{CC}$，则

$$U_+=\frac{R_2}{R_2+R_3+R_{P1}}(+U_{CC})+\frac{R_3+R_{P1}}{R_2+R_3+R_{P1}}U_{ia}=0 \tag{10-1}$$

式中，R_{P1} 指电位器的调整值。将式(10－1)整理，得比较器翻转的下门限电位为

$$U_{ia-}=\frac{-R_2}{R_3+R_{P1}}U_{CC} \tag{10-2}$$

若 $U_{o1}=-U_{EE}$，则比较器翻转的上门限电位为

$$U_{ia+}=\frac{-R_2}{R_3+R_{P1}}(-U_{EE})=\frac{R_2}{R_3+R_{P1}}U_{CC} \tag{10-3}$$

比较器的门限宽度为

$$U_{H}=U_{ia+}-U_{ia-}=2\frac{R_{2}}{R_{3}+R_{P1}}U_{CC} \tag{10-4}$$

由式(10－1)～式(10－4)可得比较器的电压传输特性，如图 10－3 所示。

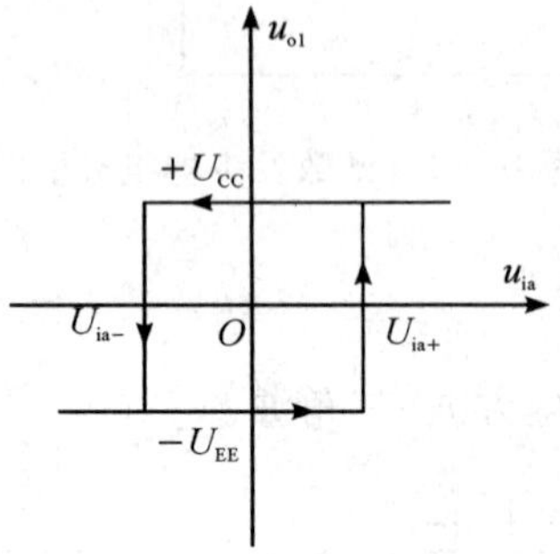

图 10－3　比较器电压传输特性

当 a 点断开后，运放 A_2 与 R_4、R_{P2}、C_2 及 R_5 组成反相积分器，其输入信号为方波 u_{o1}，则积分器的输出为

$$u_{o2}=\frac{1}{(R_{4}+R_{P2})C_{2}}\int u_{o1}\,dt \tag{10-5}$$

当 $u_{o1}=+U_{CC}$ 时，有

$$u_{o2}=\frac{-U_{CC}}{(R_{4}+R_{P2})C_{2}}t \tag{10-6}$$

当 $u_{o1}=-U_{EE}$ 时，有

$$u_{o2}=\frac{U_{CC}}{(R_{4}+R_{P2})C_{2}}t \tag{10-7}$$

可见，当积分器的输入为方波时，输出是一个上升速率与下降速率相等的三角波，其波形关系如图 10－4 所示。

若 a 点闭合，则比较器与积分器首尾相连形成闭环电路自动产生方波-三角波，三角波的幅度为

$$u_{o2m}=\frac{R_{2}}{R_{3}+R_{P1}}U_{CC} \tag{10-8}$$

方波-三角波的频率为

$$f=\frac{R_{3}+R_{P1}}{4R_{2}(R_{4}+R_{P2})C_{2}} \tag{10-9}$$

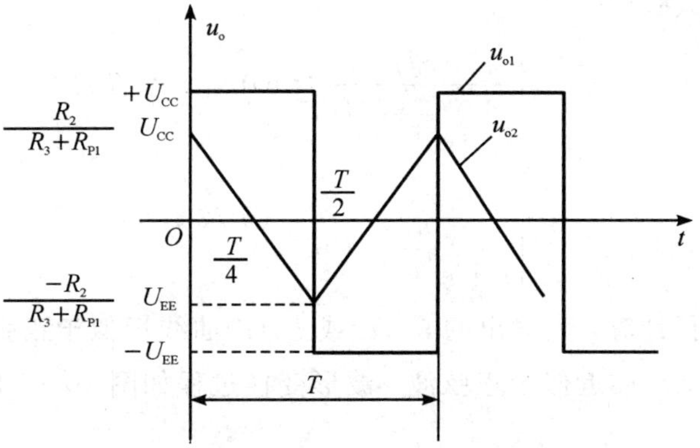

图 10-4　方波-三角波

由式(10-8)及式(10-9)可以得出以下结论：

(1) 通过 R_{P2} 调整方波-三角波的输出频率时，一般不会影响输出波形的幅度，若要求输出频率范围较宽，可用 C_2 改变频率的范围，实现频率微调。

(2) 方波的输出幅度约等于电源电压 $+U_{CC}$。三角波的输出幅度不超过电源电压 $+U_{CC}$。通过 R_{P1} 可实现幅度微调，但会影响方波-三角波的频率。

2. 三角波-正弦波变换电路

下面选用差分放大器作为三角波-正弦波的变换电路。其原理是利用差分对管的饱和与截止特性进行波形变换。分析表明，差分放大器的传输特性曲线 i_{c1}(或 i_{c2})的表达式为

$$i_{c1}=\alpha i_{e1}=\frac{\alpha I_o}{1+e^{-u_{id}/u_T}} \tag{10-10}$$

式中：$\alpha=I_c/I_e\approx1$；I_o 为差分放大器的恒定电流；U_T 为温度的电压当量，当室温为 25℃时，$U_T\approx26\ \text{mV}$。

如果 u_{id} 为三角波，则有表达式

$$u_{id}=\begin{cases}\dfrac{4U_m}{T}\left(T-\dfrac{T}{4}\right) & (0\leqslant t\leqslant T/2)\\[2ex] \dfrac{-4U_m}{T}\left(T-\dfrac{3T}{4}\right) & (T/2\leqslant t\leqslant T)\end{cases} \tag{10-11}$$

式中，U_m 为三角波的幅度，T 为三角波的周期。

将式(10－11)代入式(10－10)，得

$$i_{c1}(t)=\begin{cases}\dfrac{\alpha I_o}{1+e^{\frac{-4U_m}{U_T T}(t-T/4)}} & (0\leqslant t\leqslant T/2)\\[2ex] \dfrac{\alpha I_o}{1+e^{\frac{4U_m}{U_T T}(t-3T/4)}} & (T/2\leqslant t\leqslant T)\end{cases}\tag{10-12}$$

对式(10－12)进行计算，其输出的 $i_{c1}(t)$ 或 $i_{c2}(t)$ 曲线近似于正弦波，则差分放大器的输出电压 $u_{c1}(t)$、$u_{c2}(t)$ 亦近似于正弦波，波形变换过程如图 10－5 所示。

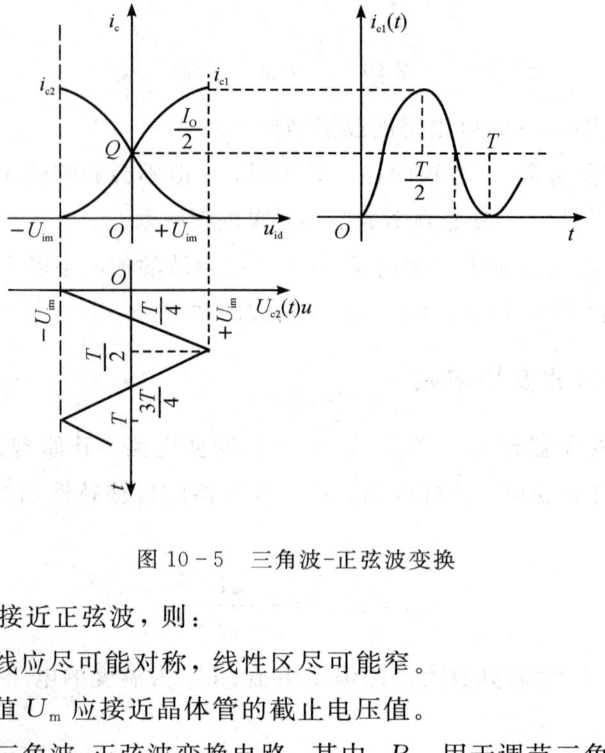

图 10－5　三角波-正弦波变换

要使输出波形更接近正弦波，则：

(1) 传输特性曲线应尽可能对称，线性区尽可能窄。

(2) 三角波的幅值 U_m 应接近晶体管的截止电压值。

图 10－6 所示为三角波-正弦波变换电路。其中，R_{P1} 用于调节三角波的幅度，R_{P2} 用于调整电路的对称性，并联电阻 R_{e2} 用来减小差分放大器的线性区。C_1、C_2、C_3 为隔直电容，C_4 为滤波电容，以滤除谐波分量，改善输出波形。

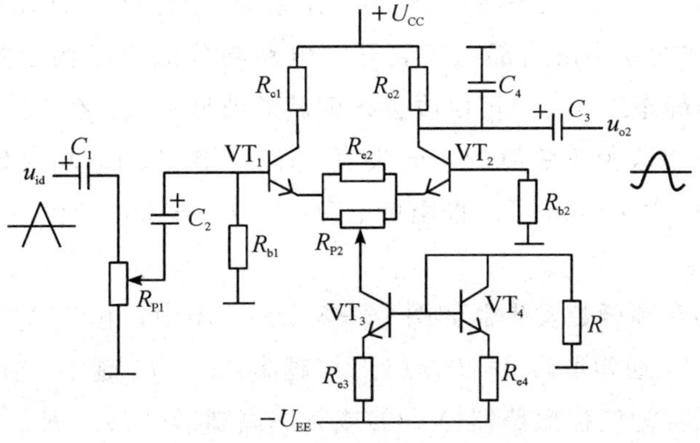

图 10－6　三角波-正弦波变换电路

10.2 单片集成电路函数发生器 ICL8038

函数发生器 ICL8038 的工作频率范围在几赫兹至几百千赫兹，它可以同时输出方波（或脉冲波）、三角波、正弦波。其内部组成框图如图 10－7 所示。两个比较器 A_1、A_2 的基准电压 $2U_{CC}/3$、$U_{CC}/3$ 由内部电阻分压网络提供。触发器 FF 的输出端 Q 控制外接定时电容的充、放电。充、放电电流 I_A、I_B 的大小由外接电阻决定，当 $I_A=I_B$ 时，输出三角波，

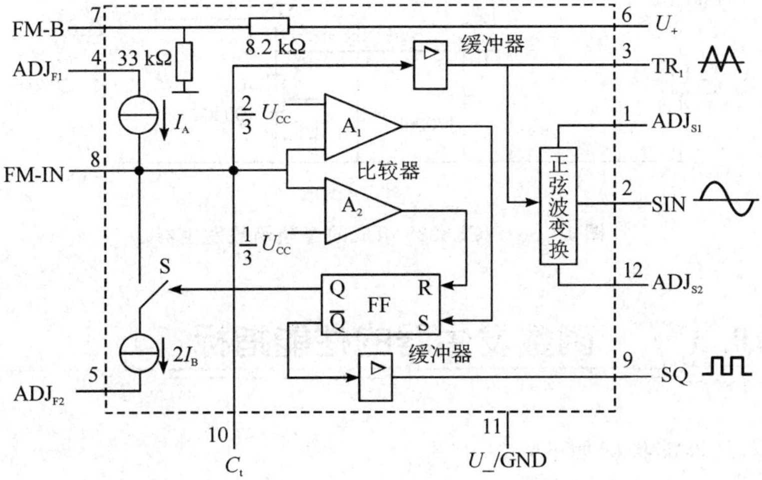

图 10－7　ICL8038 内部组成框图

否则为锯齿波。ICL8038 产生三角波-方波的工作原理与图 10－2 所示电路的工作原理基本相同。三角波-正弦波的变换由内部三极管开关电路与分流电阻构成的五段折线近似电路完成。调整三极管的静态工作点，可以改善正弦波的波形失真，在 1 脚 ADJ_{S1} 端与 6 脚 U_+ 电源端间接电位器可以改善正弦波的正向失真，在 12 脚 ADJ_{S2} 端与地间接电位器可以改善正弦波的负向失真。ICL8038 可以采用单电源（＋10 ～＋30 V）供电，也可以采用双电源（±5～±15 V）供电。

ICL8038 组成的音频函数发生器如图 10－8 所示。图中，电阻 R_1 与电位器 R_{P1} 用来确定 8 脚的直流电压 U_8，通常取 $U_8 \geqslant 2U_{CC}/3$。U_8 越高，I_A、I_B 越小，输出频率越低，反之亦然。因此 ICL8038 又称为压控振荡器（VCO）或频率调制器（FM）。R_{P1} 可调节的频率范围为 20 Hz～20 kHz。U_8 还可以由 7 脚提供固定电位，此时输出频率 f_0 仅由 R_A、R_B 及电容 C_t 决定。ICL8038 采用双电源供电时，输出波形的直流电平为 0；采用单电源供电时，输出波形的直流电平为 $U_{CC}/2$。

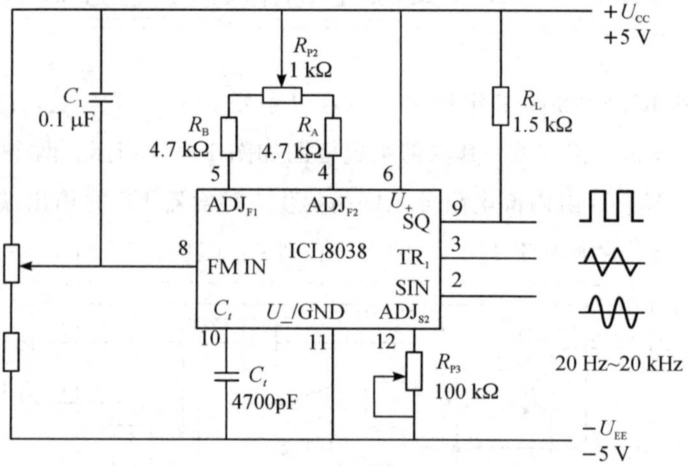

图 10－8　ICL8038 组成的音频函数发生器

10.3 函数发生器的性能指标

函数发生器的性能指标如下：

（1）输出波形：正弦波、方波、三角波等。

（2）频率范围：一般分为若干波段，如 1～10 Hz，10～100 Hz，100 Hz～1 kHz，1～

10 kHz，10～100 kHz，100 kHz～1 MHz 等 6 个波段。

(3) 输出电压：一般指输出波形的峰-峰值，即 $U_{oPP}=2$ V。

(4) 波形特性：表征正弦波特性的参数是非线性失真 $\gamma_{\sim}$，一般要求 $\gamma_{\sim}<3\%$；表征三角波特性的参数是非线性系数 $\gamma_{\triangle}$，一般要求 $\gamma_{\triangle}<2\%$；表征方波特性的参数是上升时间 t_r，一般要求 $t_r<100$ ns(1 kHz，最大输出时)。

10.4 函数发生器电路设计、装配与调试

1. 电路设计方法

设计方波-三角波-正弦波函数发生器，要求性能指标如下：

(1) 频率范围：1～10 Hz，10～100 Hz。

(2) 输出电压：方波 $U_{oPP}\leqslant 24$ V，三角波 $U_{opp}=8$ V，正弦波 $U_{opp}>1$ V。

(3) 波形特性：方波 $t_r<30$ μs，三角波 $\gamma_{\triangle}<2\%$，正弦波 $\gamma_{\sim}<5\%$。

1) 确定电路形式及元器件型号

方波-三角波-正弦波函数发生器实训电路图如图 10-9 所示，其中运放 A_1 与 A_2 用一只双运放 μA747，取电源电压 $+U_{CC}=+12$ V，$-U_{EE}=-12$ V。

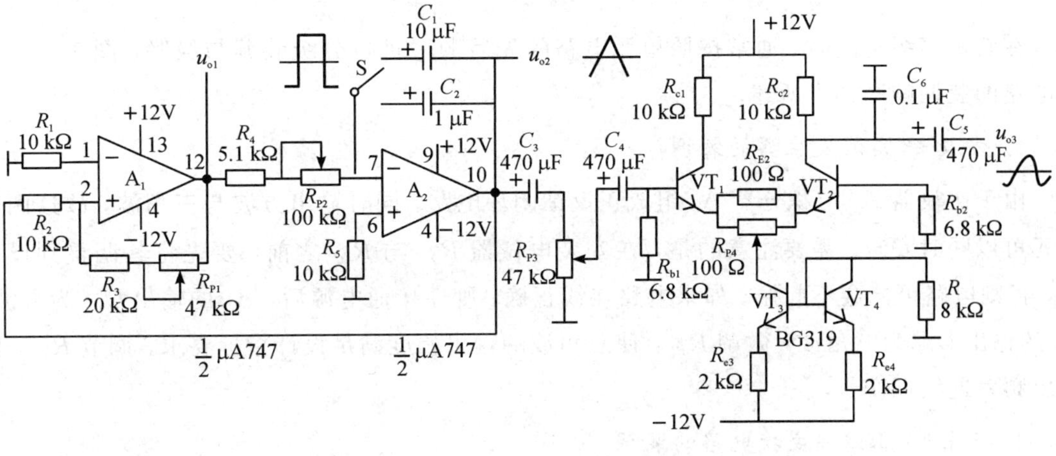

图 10-9 三角波-方波-正弦波函数发生器实训电路图

2) 计算元器件参数

比较器 A_1 与积分器 A_2 的元器件参数计算如下:

由式(10-8)得

$$\frac{R_2}{R_3+R_{P1}}=\frac{U_{o2m}}{U_{CC}}=\frac{4}{12}=\frac{1}{3}$$

取 $R_2=10\ k\Omega$,$R_3=20\ k\Omega$,$R_{P1}=47\ k\Omega$。平衡电阻 $R_1=R_2//(R_3+R_{P1})\approx10\ k\Omega$。

由输出频率的表达式(10-9)得

$$R_4+R_{P2}=\frac{R_3+R_{P1}}{4R_2C_2f}$$

当 1 Hz$\leqslant f\leqslant$10 Hz 时,取 $C_2=10\ \mu F$,$R_4=5.1\ k\Omega$,$R_{P2}=100\ k\Omega$。当 10 Hz$\leqslant f\leqslant$100 Hz 时,取 $C_2=1\ \mu F$ 以实现频率波段的转换,R_4 及 R_{P2} 的取值不变,取平衡电阻 $R_5=$10 kΩ。

三角波-正弦波电路的参数选择原则是:隔直电容 C_3、C_4、C_5 的取值较大,因为输出频率很低,故取 $C_3=C_4=C_5=470\ \mu F$,滤波电容 C_6 的取值视输出的波形而定,若含高次谐波成分较多,则 C_6 一般为几十皮法至 0.1 μF。$R_{e2}=100\ \Omega$ 与 $R_{P4}=100\ \Omega$ 相关联,以减小差分放大器的线性区。差分放大器的静态工作点可通过观测传输特性曲线,调整 R_{P4} 及电阻 R 来确定。

2. 电路安装与调试技术

在装调多级电路时,通常按照单元电路的先后顺序进行分级装调与级联。图 10-9 所示电路的装调顺序如下所述。

1) 方波-三角波发生器的装调

由于比较器 A_1 与积分器 A_2 组成正反馈闭环电路,同时输出方波与三角波,故这两个单元可以同时安装。需要注意的是,在安装电位器 R_{P1} 与 R_{P2} 之前,要先将其调整到设计值,否则电路可能会不起振。如果电路接线正确,则在接通电源后,A_1 的输出 U_{o1} 为方波,A_2 的输出 U_{o2} 为三角波,微调 R_{P1},使三角波的输出幅度满足设计指标要求,调节 R_{P2},则输出频率连续可变。

2) 三角波-正弦波变换电路的装调

三角波-正弦波变换电路的调试步骤如下:

(1) 差分放大器传输特性曲线调试。将 C_4 与 R_{P3} 的连线断开,经电容 C_4 输入差模信

号电压 $U_{id}=50$ mV、$f_i=100$ Hz 的正弦波。调节 R_{P4} 及电阻 R，使传输特性曲线对称。再逐渐增大 U_{id}，直到传输特性曲线形状正常，记下此时对应的峰值 U_{idm}。移去信号源，再将 C_4 左端接地，测量差分放大器的静态工作点 I_o、U_{C_1Q}、U_{C_2Q}、U_{C_3Q}、U_{C_4Q}。

(2) 三角波-正弦波变换电路调试。将 R_{P3} 与 C_4 连接，调节 R_{P3} 使三角波的输出幅度(经 R_{P3} 后输出)等于 U_{idm} 值，这时 U_{o3} 的波形应接近正弦波，调整 C_6，改善波形。如果 U_{o3} 的波形出现如图 10-10 所示的几种正弦波失真，则应调整和修改电路参数，产生失真的原因及采取的相应处理措施如下。

① 钟形失真：如图 10-10(a)所示，传输特性曲线的线性区太宽，应减小 R_{E2}。

② 半波圆顶或平顶失真：如图 10-10(b)所示，传输特性曲线对称性差，静态工作点 Q 偏上或偏下，应调整电阻 R。

③ 非线性失真：如图 10-10(c)所示，三角波的线性度较差引起的失真，主要受运放性能的影响。可通过在输出端加滤波网络来改善输出波形。

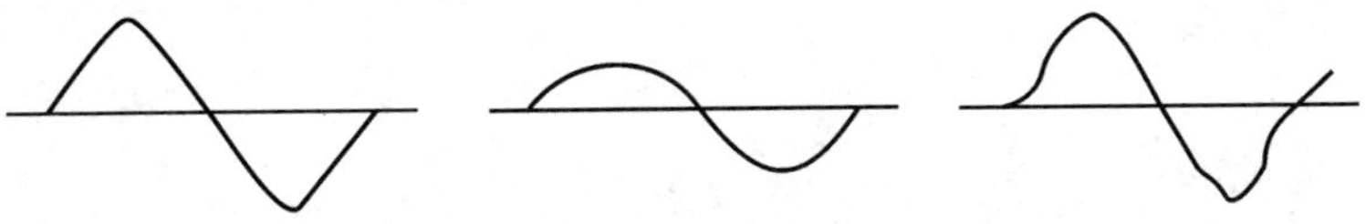

(a) 钟形失真　　(b) 半波圆预/平顶失真　　(c) 非线性失真

图 10-10　波形失真现象

3) 误差分析

(1) 方波输出电压 $U_{opp}\leqslant 2U_{CC}$，因为运放输出级是由 NPN 型或 PNP 型两种晶体管组成的复合互补对称电路，因此输出方波时，两晶体管轮流截止与饱和导通，导通时输出电阻的影响使方波输出幅度小于电源电压值。

(2) 方波的上升时间 t_r 主要受运放转换速率的限制。如果输出频率较高，则可接入加速电容 C_1(C_1 一般为几十皮法)，可用示波器(或脉冲示波器)测量 t_r。

小　结

本项目主要介绍下列概念及相关：

(1) 函数发生器能自动产生正弦波、三角波、方波、锯齿波、阶梯波等电压波形。

(2) 单片集成电路函数发生器 ICL8038 可以同时输出方波、三角波、正弦波。

习　题

1．在三角波-正弦波变换电路中，差分对管射极并联电阻 R_{e2} 有何作用？增大 R_{e2} 的值或用导线将 R_{e2} 短接，输出正弦波有何变化？

2．ICL8038 的输出频率与哪些参数有关？如何减小波形失真？

附　录

附录 A　电阻器、电容器的相关知识

1. 电阻器的型号及命名方法

根据国家标准 GB2470—1995《电子设备用电阻器、电容器型号命名方法》的规定，电阻器的型号由以下四个部分组成。

第一部分：主称，用字母表示。R 表示电阻器，W 表示电位器。

第二部分：材料，用字母表示。

第三部分：分类，用阿拉伯数字表示，个别类型也用字母表示。

第四部分：序号，用数字表示，包括额定功率、阻值、允许误差、精度等级等。

电阻器型号中第二、三部分符号及含义见附表 A-1。

附表 A-1　电阻器型号中第二、三部分符号及含义

材料(第二部分)				分类(第三部分)					
符号	含义	符号	含义	符号	含义		符号	含义	
					电阻器	电位器		电阻器	电位器
T	碳膜	C	沉积膜	1	普通	普通	G	高功率	—
J	金属膜	P	硼碳膜	2	普通	普通	J	精密	—
Y	金属氧化膜	U	硅碳膜	3	超高频	—	L	测量用	—
X	线绕	R	热敏	4	高阻	—	Y	高压	—
I	玻璃釉膜	G	光敏	5	高温	—	T	可调	—

续表

材料(第二部分)				分类(第三部分)					
符号	含义	符号	含义	符号	含义		符号	含义	
					电阻器	电位器		电阻器	电位器
H	合成膜	M	压敏	7	精密	精密	W	—	微调
S	有机实芯	—	—	8	高压	特种函数	D	—	多圈
N	无机实芯	—	—	9	特殊	特殊	—	—	—

2. 电阻器的标称阻值与允许误差

标注在电阻器上的电阻值称为标称阻值。电阻值的单位是欧姆，简称欧(Ω)。另外，电阻值还有一些较大的单位，如千欧(kΩ)、兆欧(MΩ)，它们之间的关系是：1 MΩ＝10^3 kΩ＝10^6 Ω。电阻器的实际阻值和标称阻值之差除以标称阻值所得到的百分数为电阻器的允许误差。电阻器的误差越小，其标称阻值规格越多。电阻器的标称阻值系列见附表 A－2。电阻器的标称阻值是按国家规定的阻值系列标注的，因此选用时必须按此阻值系列选用，使用时将表中的数值乘以 10^n Ω(n 为整数)，就成为这一阻值系列。如 E24 系列中的 1.8 就代表 1.8 Ω、18 Ω、180 Ω、1.8 kΩ、180 kΩ 等标称电阻值。

附表 A－2 电阻器的标称阻值系列

系列	允许误差	电阻标称阻值系列
E6	±20%	1.0 1.5 2.2 3.3 4.7 6.8
E12	±10%	1.0 1.2 1.5 1.8 2.2 2.7 3.3 3.9 4.7 5.6 6.8 8.2
E24	±5%	1.0 1.1 1.2 1.3 1.5 1.6 1.8 2.0 2.2 2.4 2.7 3.0 3.3 3.6 3.9 4.3 4.7 5.1 5.6 6.2 6.8 7.5 8.2 9.1
E96	±1%	1.00 1.02 1.05 1.07 1.10 1.13 1.15 1.18 1.21 1.24 1.27 1.30 1.33 1.37 1.40 1.43 1.47 1.50 1.54 1.58 1.62 1.65 1.69 1.74 1.78 1.82 1.87 1.91 1.96 2.00 2.05 2.10 2.15 2.21 2.26 2.32 2.37 2.43 2.49 2.55 2.61 2.67 2.74 2.80 2.87 2.94 3.01 3.09 3.16 3.24 3.32 3.40 3.48 3.57 3.65 3.74 3.83 3.92 4.02 4.12 4.22 4.32 4.42 4.53 4.64 4.75 4.87 4.99 5.11 5.23 5.36 5.49 5.62 5.76 5.90 6.04 6.19 6.34 6.49 6.65 6.81 6.98 7.15 7.32 7.50 7.68 7.87 8.06 8.25 8.45 8.66 8.87 9.09 9.31 9.53 9.76

3. 电容器的型号及命名方法

根据国家标准 GB2470－1995《电子设备用电阻器、电容器型号命名方法》的规定，电容器的型号由以下四个部分组成。

第一部分：主称，用字母表示，C 表示电容器。

第二部分：材料，用字母表示。

第三部分：分类，一般用阿拉伯数字表示，个别类型也用字母表示。

第四部分：序号，用数字表示，包括品种、尺寸代号、温度特性、直流工作电压、标称值、允许误差、标准代号等。

电容器型号中第二、三部分符号及含义见附表 A－3。

附表 A－3　电容器型号中第二、三部分符号及含义

材料（第二部分）				分类（第三部分）							
符号	含义	符号	含义	数字代号	含义					字母符号	含义
					瓷介	云母	玻璃	电解	其他		
C	瓷介质	S	聚碳酸酯	1	圆片	非密封	—	箔式	非密封	T	铁电
Y	云母	H	复合介质	2	管形	非密封	—	箔式	非密封	W	微调
I	玻璃釉	D	铝电解质	3	叠片	密封	—	烧结粉非固体	密封	J	金属化
O	玻璃膜	A	钽电解质	4	独石	密封	—	烧结粉固体	密封	X	小型
Z	纸介质	N	铌电解质	5	穿心	—	—	—	穿心	S	独石
J	金属化纸	G	合金电解质	6	支柱	—	—	—	—	D	低压
B	聚苯乙烯	T	钛	7	—	—	—	无极性	—	M	密封
L	涤纶	E	其他电解质	8	高压	高压	—	—	高压	Y	高压
Q	漆膜	—	—	9	—	—	—	特殊	特殊	C	穿心

4. 电容器的标称容量与允许误差

标注在电容器上的电容量值称为标称容量，其标准单位是法拉（F），另外还有微法

(μF)、纳法(nF)、皮法(pF)，它们之间的换算关系为 $1F=10^6\ \mu F=10^9\ nF=10^{12}\ pF$。电容器的标称容量与其实际容量之差再除以标称容量后所得的百分比就是允许误差。

误差的标注方法一般有三种：

(1) 将电容量的允许误差直接标注在电容器上。

(2) 用罗马数字Ⅰ、Ⅱ、Ⅲ分别表示±5%、±10%、±20%。

(3) 用英文字母表示误差等级。用 J、K、M、N 分别表示±5%、±10%、±20%、±30%；用 D、F、G 分别表示±0.5%、±1%、±2%；用 P、S、Z 分别表示+100%～0%、+50%～−20%、+80%～−20%

固定电容器的标称容量系列见附表 A-4，任何电容器的标称容量都满足表中标称容量系列再乘以 10^n(n 为正或负整数)。

附表 A-4　固定电容器的标称容量系列

电容器类别	允许误差	标称值系列
高频纸介质、云母介质 玻璃釉介质 高频(无极性)有机薄膜介质	±5%	1.1　1.2　1.3　1.5　1.6　1.8　2.0 2.2　2.4　2.7　3.0　3.3　3.6　3.9　4.3 4.7　5.1　5.6　6.2　6.8　7.5　8.2　9.1
纸介质、金属化纸介质 复合介质 低频(有极性)有机薄膜介质	±10%	1.0　1.5　2.0　2.2　3.3　4.0　4.7　5.0 6.0　6.8　8.2
电解电容器	±20%	1.0　1.5　2.2　3.3　4.7　6.8

附录 B　半导体器件型号的命名方法

1. 国产半导体器件型号命名

1) 型号

国产半导体器件型号由五个部分组成：

第一部分：用阿拉伯数字表示器件的电极数目。

第二部分：用汉语拼音字母表示器件的材料和极性。

第三部分：用汉语拼音字母表示器件的类型。

第四部分：用阿拉伯数字表示器件序号。

第五部分：用汉语拼音字母表示器件规格号。

注：场效应器件、半导体特殊器件、复合管、PIN 型管、激光器件的型号只有第三、四、五部分。

2）组成部分的符号及其含义

国产半导体器件型号组成部分的符号及含义如附表 B-1 所示。

附表 B-1　国产半导体器件型号组成部分的符号及含义

第一部分		第二部分		第三部分				第四部分	第五部分
用数字表示器件的电极数目		用汉语拼音字母表示器件的材料和极性		用汉语拼音字母表示器件的类型				用数字表示器件序号	用汉语拼音字母表示器件规格号
符号	含义	符号	含义	符号	含义	符号	含义		
2	二极管	A	N 型，锗材料	P	普通管	D	低频大功率管		
		B	P 型，锗材料	V	微波管		$f_\alpha<3$ MHz，$P_c>1$ W		
		C	N 型，硅材料	W	稳压管	A	高频率大功率		
		D	P 型，硅材料	C	参量管		$f_\alpha<3$ MHz，$P_c>1$ W		
3	三极管	A	PNP 型，锗材料	Z	整流管	B	场效应器件		
		B	NPN 型，锗材料	L	整流堆	Y	阶跃恢复管		
		C	PNP 型，硅材料	S	隧道管	J	半导体特殊器件		
		D	NPN 型，硅材料	N	阻尼管	CS	复合管		
		E	化合物材料	U	光点管	BT	PIN 管		
				K	开关管	FH	激光管		
				X	低频小功率管				
				G	$f_\alpha<3$ MHz，$P_c<1$ W				
					高频小功率管				
					$f_\alpha<3$ MHz，$P_c<1$ W				

2. 常用进口半导体器件型号命名

常用进口半导体器件型号组成部分如附表 B－2 所示。

附表 B－2　常用进口半导体器件型号组成部分

国别	一	二	三	四	五	备　注
日本	2	S	A—PNP 高频 B—PNP 低频 C—NPN 高频 D—NPN 低频	两位以上数字表示登记序号	A、B、C 表示对原型号的改进	不表示硅、锗材料及功率大小
美国	2	N	多位数字表示登记序号			不表示硅、锗材料 NPN 或 PNP 及功率大小
欧洲	A(锗) B(硅)	C一低频小功率 D一低频大功率 F一高频小功率 L一高频大功率 S一小功率开关 U一大功率开关	三位数字表示登记序号	B 为分挡标识		

附录 C　常用半导体器件的参数

A_{od}——集成运放的开环差模电压增益

C_{bc}——集电结等效电容

C_{be}——发射结等效电容

I_{CBO}——集电极和基极之间的反向饱和电流

I_{CEO}——集电极和发射极之间的反向饱和电流

I_{CM}——集电极的最大允许电流

$I_{D(AV)}$——整流二极管的平均电流

I_S——二极管的反向饱和电流

I_Z——稳压管的稳定电流

I_{IB}——集成运放的输入偏置电流

I_{IO}——集成运放的输入失调电流

P_{CM}——集电极的最大允许耗散功率

P_{DM}——漏极的最大允许耗散功率

S_R——集成运放的转换速率

U_Z——稳压管的稳定电压

$U_{(BR)CBO}$——发射极开路时集电极-基极之间的反向击穿电压

$U_{(BR)CEO}$——基极开路时集电极-发射极之间的反向击穿电压

$U_{(BR)EBO}$——集电极开路时发射极-基极之间的反向击穿电压

U_{CES}——集电极-发射极之间的饱和压降

U_{icm}——集成运放的最大共模输入电压

U_{idm}——集成运放的最大差模输入电压

U_{IO}——集成运放的输入失调电压

U_P——场效应管的夹断电压

U_T——场效应管的开启电压

BW——带宽

f_T——双极型三极管的特征频率

f_α——共基截止频率

f_β——共射截止频率

g_m——跨导

α——共基电流放大倍数

$\bar{\alpha}$——共基直流电流放大倍数

β——共射电流放大倍数

$\bar{\beta}$——共射直流电流放大倍数

$r_{bb'}$——基区体电阻

r_{be}——基射之间的微变等效电阻

参 考 文 献

[1] 牛金生. 电路分析基础[M]. 西安:西安电子科技大学出版社,2004.

[2] 康华光. 电子技术基础:模拟部分[M]. 4版. 北京:高等教育出版社,1999.

[3] 陶希平. 模拟电子技术基础[M]. 北京:化学工业出版社,2001.

[4] 李雅轩. 模拟电子技术[M]. 西安:西安电子科技大学出版社,2000.

[5] 秦曾煌. 电工学(下册):电子技术[M]. 7版. 北京:高等教育出版社,2009.

[6] 曹光跃. 模拟电子技术及应用[M]. 北京:机械工业出版社,2008.

[7] 林春方,杨建平. 模拟电子技术[M]. 北京:高等教育出版社,2006.

[8] 张仁霖. 模拟电子技术实验实训指导教程[M]. 合肥:安徽大学出版社,2008.

[9] 朱钰铧. 电路基础实验实训指导教程[M]. 合肥:安徽大学出版社,2008.

[10] 曹光跃. 电子装配工操作技术[M]. 合肥:安徽科学技术出版社,2008.

[11] 方庆山. 电子综合实训指导教程[M]. 北京:化学工业出版社,2009.

[12] 林春方,张仁霖,牛金生. 电热电动器具原理与维修[M]. 3版. 北京:电子工业出版社,2013.

[13] 张仁霖. 电工电子实训教程[M]. 西安:西安电子科技大学出版社,2018.